21 世纪普通高等教育基础课系列教材

大学物理实验基础教程

主　编　张广斌

参　编　（按姓氏笔画排序）

王长顺　孔　实　许凌云　孙　凡

袁　婷　盛　伟　鲍军委　潘燕飞

机 械 工 业 出 版 社

本书依据教育部高等学校物理基础课程教学指导分委员会制定的《理工科类大学物理实验课程教学基本要求》编写而成。教材的编写借鉴了兄弟院校物理实验教学中的宝贵经验和新形势下特色化实验教材中的优秀做法，融入了近年来南京航空航天大学物理实验教学改革的系列成果。

本书分为绪论、基础理论、预备知识、基础测量与训练、综合应用与提高五部分。在总体设计上，本书贯彻了以学生成长和发展为中心的教学指导理念，注重课程的入门引导和价值引领，注重基础理论巩固与综合实践训练的高度结合，注重信息化教学资源建设与教材建设的深度融合，多维度引导学生学习实验基础知识，培养学生的基本实验素质，提高学生的综合实践能力。

本书可作为高等院校各专业的物理实验课教材，也可作为实验技术人员或相关课程教师的参考用书。

图书在版编目（CIP）数据

大学物理实验基础教程/张广斌主编．—北京：机械工业出版社，2022.12（2025.1 重印）

21 世纪普通高等教育基础课系列教材

ISBN 978-7-111-71543-6

Ⅰ．①大…　Ⅱ．①张…　Ⅲ．①物理学-实验-高等学校-教材　Ⅳ．①O4-33

中国版本图书馆 CIP 数据核字（2022）第 163796 号

机械工业出版社（北京市百万庄大街 22 号　邮政编码 100037）

策划编辑：张金奎　　责任编辑：张金奎

责任校对：樊钟英　李　婷　封面设计：张　静

责任印制：李　昂

河北宝昌佳彩印刷有限公司印刷

2025 年 1 月第 1 版第 7 次印刷

184mm×260mm · 10.75 印张 · 264 千字

标准书号：ISBN 978-7-111-71543-6

定价：29.90 元

电话服务　　网络服务

客服电话：010-88361066　　机　工　官　网：www.cmpbook.com

010-88379833　　机　工　官　博：weibo.com/cmp1952

010-68326294　　金　书　网：www.golden-book.com

机工教育服务网：www.cmpedu.com

前　言

大学物理实验是理工科大学普遍开设的一门基础性实验课程，是学生进入大学后较早开始学习的一门系统的实践课程，在人才培养中具有其他课程不可替代的重要作用。对于大学新生而言，很多学生鲜有在实验室系统学习物理实验相关知识的经历。因此，大学物理实验教材的建设应注重课程的入门引导和价值引领，适度考虑高中和高校两个阶段实验课程的差异以及不同生源地学生实验基础的差别。

20 世纪 80 年代初，南京航空航天大学的“大学物理实验”从原来的“大学物理”课程中分离出来，独立形成一门课程。随着科学技术的不断发展，人们越来越认识到物理实验的重要性以及在高等教育教学阶段对学生加强物理实验训练的必要性。实验教学的根本目的是“培养学生科学实验能力，提高学生科学实验素质”。教材的编写正是以此为目的，同时融入丰富的信息化资源和信息化管理手段，以使学生系统地获得物理实验基本知识、基本方法和基本技能，并以此为基础使学生具备一定的科学实验能力和创新能力。

多年来，我们一贯重视大学物理实验课程建设和教学改革，逐步形成了以“开放管理、交叉培养、多元融合、协同育人”为导向的教学理念和育人模式。在课程的开设中注重教学管理与信息技术的深度融合，育人模式与形势发展的高度结合，并依据实践类课程特点、课程内容结构、学生学习规律以及课堂组织形式，深入推进大学物理实验教学改革和课程建设。其中，“交叉培养”要实现“课程分级、教材分层、实验分类”的建设任务。在教材分层建设方面，针对不同的课程对象和培养目标，分层次建设大学物理实验系列教程。

本书的编写基于分层建设教材的需要，在稳步推进课程建设方面具有积极的促进作用。教材注重“两高”阶段实验课程的衔接和过渡；注重课程的入门引导和价值引领；注重学生科学素养和实验能力的渐进式培养和提高，力求使学生“学有所知、学有所值、学有所至”。

本书分为绪论、基础理论、预备知识、基础测量与训练、综合应用与提高五部分。第 1 章绪论主要介绍了实验课的目的与任务以及大学物理实验课的教学流程；第 2 章物理实验基础理论比较系统地介绍了测量误差、不确定度和实验数据处理的基本知识；第 3 章物理实验预备知识简要介绍了基本仪器的构造原理与使用方法、基本调整与操作技术、基本测量方法等；第 4 章物理实验基础测量与训练设置了力学、电学、热学及光学中的部分基础实验，共有 10 个实验项目；第 5 章物理实验综合应用与提高包括 8 个综合应用性实验项目。

本书的编写任务分工如下：张广斌编写了内容简介、前言、绪论、第 1 章、第 2 章、第 3 章、实验 5.2、实验 5.5、附录及参考文献；王长顺编写了实验 4.1、实验 4.3、实验 5.8；盛伟编写了实验 4.2、实验 5.1；鲍军委编写了实验 4.10、实验 5.7；袁婷编写了实验

4.6、实验5.6；孙凡编写了实验4.9、实验5.4；许凌云编写了实验4.4、实验4.7；孔实编写了实验4.8、实验5.3；潘燕飞编写了实验4.5。全书由张广斌负责统稿。

本书的编写是实验室全体老师集体劳动的结晶。历年来在物理实验中心工作过的许多老师，如刘小廷、李香莲、管尧兴等对于教材的编写和出版也提出了宝贵的意见，在此表示诚挚的感谢。

我校大学物理实验教学实行开放式管理模式，既注重课程内容的丰富性，又注重学生的个性化发展。中心依据课程教学要求和培养计划安排实验开放课堂，学生可以通过微信公众号或物理实验中心的网址登录选课系统，并根据自己专业、兴趣和空余时间灵活自主地预约实验课。物理实验中心的网址为：http：//phylab.nuaa.edu.cn。

由于编者水平有限，书中难免有错误和疏漏之处，恳请读者批评指正。

编　者

目　录

第1章 绪 论

大学物理实验课是高等理工科院校对学生进行科学实验基本训练的必修基础课程，是本科生系统地学习实验方法和接受实验技能训练的开端，也是引导大学生步入科学实验殿堂的重要启蒙课程。它不仅可以加深学生对物理理论和规律的理解，使学生掌握基本的实验知识、实验方法和实验技能，更重要的是可以通过系统、严格的训练培养学生科学实验能力，提高学生科学实验素质；它不仅是学生进行后续实践训练的基础，也是毕业后从事科学研究和工程应用的基础，在培养学生严谨的治学态度、活跃的创新意识、理论联系实际和适应科技发展的综合应用能力等方面发挥着至关重要的作用。因此，学好大学物理实验课程是十分重要的。

1.1 物理实验的作用和地位

物理学是研究物质的基本结构、基本运动形式、相互作用及其转化规律的学科。它是自然科学和工程技术的基础，其基本理论渗透在自然科学的各个领域，应用于生产技术的许多部门。从本质上讲，物理学是一门实验科学，物理概念的建立、物理规律的发现和物理学理论的产生都以严格的实验事实为基础，并且不断受到实验的检验。

物理实验是物理学发展的基础。意大利物理学家伽利略真正把科学实验方法引入物理学研究中，使物理学的研究开始步入科学轨道。他认为物理学的研究方法应该是数学分析和实验探索相结合。伽利略做了著名的比萨斜塔实验和斜面实验，在斜面实验中，他把当时难以测量的速度和时间的关系转化为路程和时间的关系，推导出了关于匀加速直线运动重要特性的时间平方定律，并利用改变斜面倾斜度得到的规律，推断出自由落体运动也是匀加速直线运动。爱因斯坦曾评论说，伽利略的发现以及他所应用的科学推理方法是人类思想史上最伟大的成就之一，他的工作标志着物理学的真正开端。

纵观物理学发展的历史，大量的物理概念及规律都建立在实验事实的基础之上。例如，经典力学、热学、电磁学的众多规律都是从实验中归纳和总结得到的；原子结构核式模型的提出是基于α粒子散射实验的事实；X射线、放射性和电子的发现拉开了近代物理的序幕，掀起了原子物理、原子核物理发展的新篇章；基于黑体辐射实验规律，普朗克提出了著名的能量量子化假说，标志着量子物理学的诞生……

在物理学发展的过程中，任何理论上的假设或推理要成为被公认的物理规律，都必须得到实验的验证。从17世纪开始，光的波动说与微粒说之争前后经历了300多年的时间，杨氏双缝实验、迈克耳孙-莫雷干涉实验、康普顿散射实验等经典实验逐步揭开了遮盖在“光的本质”外面那层扑朔迷离的面纱，在新的实验事实与理论面前，光的波动说与微粒说之争终以“光具有波粒二象性”而落下了帷幕；麦克斯韦将经典的电磁规律归纳为麦克斯韦方程组，建立了完整的电磁场理论，并预言了电磁波的存在，直到赫兹通过实验检测到了电磁波，电磁场理论才得到公认；为了解释光电效应现象，爱因斯坦于1905年提出了光量子假说并给出了光电效应方程，但直到1916年密立根通过实验严格验证了光电效应方程，他的这一理论才得到了公认；杨振宁、李政道提出的弱相互作用中宇称不守恒的设想，由实验物理学家吴健雄用实验进行了验证……

物理实验是科学实验的先驱，在一定程度上体现了科学实验的共性，是各学科科学实验的基础，为科学实验和现代科学技术发展提供了丰富的实验思想、实验方法和众多的实验设备。物理实验的构思、方法和技术广泛应用于化学、材料学、生物学、信息学、天文学等学科，在促进学科建设和学科交叉方面发挥了积极的作用。

1.2 大学物理实验课的目的与任务

教学实验与科研实验在宗旨、内容和形式上有所区别，它以传授实验基础知识、培养实践技能、提高科学素质为目的。因此本门课程的任务如下：

（1）通过对物理实验现象的观测、分析以及对物理量的测量，使学生学习运用理论指导实验、分析和解决实验中的问题，掌握物理实验基本知识、基本方法和基本技能，加深对物理学原理的理解。

（2）培养学生从事科学实验的初步能力，包括：能够通过阅读教材或资料概括出实验原理和方法的要点，做好实验前的准备工作；能够自己动手组建实验装置，正确使用基本实验仪器，掌握基本物理量的测量方法和实验操作技能；能够运用物理学原理对实验现象进行观察、分析和判断；能够正确记录、处理实验数据，分析实验结果和撰写实验报告；能够完成简单的设计性或研究性内容的实验。

（3）提高学生的科学素养，培养学生的探索精神、创新精神和严格、细致、实事求是、一丝不苟的科学态度；培养与提高学生的自主学习能力和创新能力；培养学生遵守纪律、团结协作、爱护国家财产的优良品德。

1.3 大学物理实验教学的基本环节

大学物理实验课程包括物理实验基础理论和实验项目两部分内容。物理实验基础理论的上课时间和上课地点由教务处统一安排，实验项目的开设则由物理实验中心通过实验选课系统排课。实验项目的开设采用统筹排课与自主选课相结合的组织形式。实验课教学的基本环节主要包括实验预约、实验预习、实验操作与数据记录、实验报告撰写。

1. 实验预约

根据课程学时安排和具体要求，登录物理实验选课系统预约项目，并按要求下载和打印实验报告，做好后续准备工作。

2. 实验预习

实验预习是学生能否顺利进行实验的关键环节。学生在预习时，应根据课程提供的预习资源认真领会实验目的，了解实验仪器的作用和使用方法，掌握实验基本原理和实验方法。课程预习资源包括实验教材、实验报告、学习通在线课程学习资源等。

预习内容及预习要点包括：

(1) 实验目的：要明确本次实验所要达到的目的，既要知道实验要做什么，又要知道通过这个实验自己应学会什么。

(2) 实验仪器：初步了解实验仪器，通过预习知道需要使用哪些仪器，并对主要仪器的相关知识进行初步学习，特别是仪器的结构、功能、操作要领、注意事项等。

(3) 实验原理：在理解实验原理的基础上，能够用自己的语言简要叙述相关实验原理；了解本实验涉及的实验方法，知道关键公式的适用条件及每个量所表示的物理含义；能看懂电学实验的电路图、光学实验的光路图以及力学实验的示意图。

(4) 实验内容：根据实验目的、仪器和实验原理，清楚实验任务，了解实验的操作步骤和注意事项。

(5) 总结实验预习：尝试归纳总结实验所体现的基本思想，自己在预习过程做了哪些工作，遇到了哪些问题，解决了哪些问题，怎么解决的，还有哪些问题不清楚等。

对于设计性实验项目的预习，除了做好一般实验项目的预习工作以外，还要注意以下几点：

(1) 阐述实验原理，设计实验方案。

根据教材中的实验内容要求和实验原理的提示，认真查阅有关资料，详细写出实验原理和实验方案。

(2) 选择测量仪器、测量方法和测量条件。

根据实验方案的要求，确定出使用什么样的实验仪器、采用什么样的测量方法、在什么样的条件下进行测量。选择测量方法时还要考虑到选用什么样的数据处理方法。

(3) 确定实验过程，拟定实验步骤。

明确实验的整体过程，拟定出详细的实验步骤，列出实验的注意事项等。

3. 实验操作与数据记录

很多同学在课前预习实验时都有这样的感受，对于部分预习内容一知半解，特别是实验仪器的调节和使用，只有对照着仪器实物回看教材上的仪器介绍，才方便直观掌握该仪器的功能和调节要求。所以要上好实验课，需抓住以下几个重要环节：

(1) 认真听讲，掌握实验原理、实验内容、实验操作的要领和实验的基本要求。

(2) 动手实验之前，对照仪器认真阅读教材上的仪器介绍，正确掌握仪器的操作方法。

(3) 在测量数据前，先观察和确认实验要求达到的状态，确认无任何异常后，开始记录数据。遇到问题及时请教教师，不得擅自改动数据。

(4) 实验完成后，请教师检查实验操作、核实数据，教师签字确认后，方可整理实验仪器，离开实验室。

此外，在实验过程中要遵守操作规程，注意安全。

4. 实验报告撰写

实验报告是实验工作的最后环节，是整个实验工作的重要组成部分。通过撰写实验报告，可以锻炼学生写作科学技术报告的能力和总结工作的能力，这是未来从事任何工作都需具备的基本能力。实验报告在预习报告的基础上补充完成，其基本内容如下：

（1）实验名称。

（2）实验者姓名和学号、课堂编号、实验座号、同组实验者、实验日期等。

（3）实验目的：同预习报告。

（4）实验仪器：同预习报告。

（5）实验原理：同预习报告。

（6）实验步骤：按实际操作情况简明扼要地写出主要的实验操作步骤。

（7）实验数据：按要求将原始数据记录在数据表格内。

（8）数据处理：根据实验要求写出数据处理的主要过程，以醒目的方式表示出实验结果。

（9）问题讨论：内容不限，如对物理现象、实验结论和误差来源进行分析，对实验方案提出改进建议，回答实验思考题，叙述实验收获和体会等。

1.4 实验室规则

（1）学生须参加学校统一组织的安全教育培训和实验室准入考试，考试成绩合格者方可进入实验室进行学习与工作。

（2）课前要认真预习，按要求完成预习任务。

（3）学生应在课表规定或预约的时间进入实验室，不得无故缺席或迟到。

（4）上课时携带实验报告、实验教材、文具等，按时考勤，对号入座。

（5）若实验桌上缺少实验仪器或用具，应向指导教师提出，不得擅自拿取。

（6）要细心观察仪器构造，谨慎操作，爱护仪器设备，严格遵守操作规程及注意事项，不能擅自搬弄仪器，公用器具用完后应立即放回原处。

（7）涉及使用电源的实验，务必经过教师检查线路并同意后，方可接通电源。

（8）完成实验后，要举手示意教师检查实验操作和原始测量数据，并经指导教师签字确认后方可整理设备。

（9）保持实验室整洁、安静，离开实验室前，学生应将仪器整理还原，将桌面和凳子收拾整齐。

（10）课后按要求完成实验报告，并在规定时间内提交给上课教师。

第2章　物理实验基础理论

物理实验是以测量为基础的，研究物理现象、了解物质特性、验证物理规律等都离不开测量。测量的主要目的是尽可能地得到被测量的实际大小，然而被测量的测量值和实际值之间不可避免地会存在差异。因此，分析测量误差产生的原因，选择合适的实验仪器、实验条件和方法，合理地评定被测量真值所处的量值范围，对实验人员和科技工作者来说是必须要了解和掌握的。本章从大学物理实验教学的角度出发，主要介绍测量、误差、有效数字运算、不确定度评定、测量结果的表示、实验数据处理方法等方面的基础知识。

2.1　物理量的测量

在生产、生活和科学研究的过程中，我们经常需要对各种量（物理量、化学量等）进行测量，以获得客观事物的定量信息。物理实验不仅要定性地观察物理现象，通常还需要通过测量找出各种物理量之间的定量关系。任何一个物理量均有一个客观存在的量值，人们要想获取其量值大小的相关信息，就需要借助相关的测量工具和一定的测量方法对其进行测量。

1. 测量的基本概念

所谓测量，就是借助实验仪器或量具，采用一定的实验方法，把待测物理量与选作计量标准的同类量进行直接或间接比较，得出它们之间倍数关系的过程。选来作为标准的同类量称之为单位，倍数称为测量数值。

在测量过程中，通常用一个数值乘以计量单位来表示测量结果。例如，用螺旋测微器（千分尺）测得金属丝的直径为0.615mm。测量得到的实验数据应包含测量的数值和单位，二者缺一不可。

2. 测量的分类

测量的分类有多种，一般情况下，按测量方法的不同可分为直接测量和间接测量，按测量条件的不同可分为等精度测量和非等精度测量。

（1）直接测量和间接测量

直接测量：将测量仪器或仪表与待测量直接进行比较，得到待测量量值的过程。例如，用米尺测量物体长度，用天平测量物体的质量等。直接测量又分为单次直接测量和多次直接测量。

间接测量：根据被测量与直接测量量之间已知的函数关系，在直接测量的基础上，通过计算得到待测量量值的过程。例如，用单摆测量重力加速度时需先测量出单摆摆长 l 和单摆

的摆动周期 T，再应用公式 $g=\frac{4\pi^2 l}{T^2}$计算得到重力加速度 g。

在物理实验中，绝大部分测量都属于间接测量，但直接测量是一切物理量测量的基础。无论是直接测量还是间接测量，都必须在一定的实验条件下进行。为了提高测量结果的可靠程度，在实验过程中，我们要明确实验测量目的、掌握实验方法和仪器的使用要求、清楚实验步骤和操作过程、正确读取和记录实验数据。

（2）等精度测量和非等精度测量

等精度测量：在对同一物理量进行多次测量的过程中，每次的测量条件都相同。这些条件包括测量工具、测量人员、测量方法、测量环境等。所得到的一组数据 x_1，x_2，x_3，…，x_n 称为测量列。

严格的等精度测量是很难实现的，但当某些条件的变化对测量结果的影响不大或可以忽略时，可视此为等精度测量。在物理实验中，通常要求多次测量的均指等精度测量，对测量误差与数据处理的讨论，也都是以等精度测量为前提的。

非等精度测量：在对同一物理量进行多次测量的过程中，由于仪器的不同、方法的差异、测量条件的改变以及测量者的原因而造成的测量结果的变化。非等精度测量一般在科学研究或高精度测量中应用较多。

2.2 误差的基本认识

物理实验离不开测量，被测量的测量值和实际值之间不可避免地会存在误差。误差自始至终存在于一切科学实验和测量过程之中。误差是反映测量结果优劣的直接判据，分析测量中产生误差的各种因素，尽可能地消除其影响，并对测量结果中未能消除的误差做出估计，是判定和改善测量结果的基础，也是教学实验和许多科学实验必然涉及的问题。

1. 真值

任何一个物理量在一定条件下都存在着一个不以人的意志为转移的客观值，这个客观值称为该物理量的真值（记为 x_0）。

被测量的真值是客观存在的，它是一个理想的概念，一般是不可知的。然而在某些特定条件或规定下，真值又是可知的。例如，三角形内角之和为 180°或三棱镜的顶角为 60°（理论真值），真空中的光速 $c=299792458\text{m/s}$（计量学约定真值）。有时也将相对真值作为“真值”，例如，用高等级的电流表校准低等级的电流表时，前者测得的电流示值可作为后者的相对真值。

测量的目的就是要力求得到被测量的真值。但由于各测量因素不同程度的影响，要想通过测量得到被测量的真值是不可能的。通过测量得到的一般是真值的最佳估计值或称测量值（记为 x）。

2. 误差

有了真值的概念，我们就可以定义误差了。由于实验原理、测量装置、实验条件、观测者等因素的影响，测量值与被测物理量的真值之间总会存在差值，这个差值称为测量误差，表示为

$$\Delta x = x - x_0 \tag{2-1}$$

误差又称为绝对误差。绝对误差反映了测量值偏离真值的大小和方向。

在测量不同数量级的被测量时，若测量得到的绝对误差相同，数量级大的，测量精度较高，而数量级小的，测量精度较低。于是，为了更准确地评价测量结果的优劣，将绝对误差与真值的比值定义为相对误差，并用百分数表示，即

$$E = \frac{\Delta x}{x_0} \times 100\% \tag{2-2}$$

3. 误差的分类

在实际测量中，误差产生的原因是多方面的，根据误差的来源和性质，一般把误差分为系统误差、随机误差和粗大误差。

(1) *系统误差*

系统误差是指在相同条件（方法、仪器、环境、人员）下，多次测量同一被测量的过程中，误差的大小和符号保持不变或以确定的规律变化的误差分量。

系统误差主要来源包括以下几方面：

实验方法： 由于实验原理或方法的近似性带来的误差。例如，用伏安法测电阻时没有考虑电表内阻的影响，用单摆测重力加速度时取 $\sin\theta \approx \theta$ 等。

实验仪器： 由于仪器本身存在一定的缺陷或使用不当造成的误差。例如，仪器零点不准、仪器水平或铅直未调整、天平不等臂等。

环境影响： 由于实际环境条件与规定条件不一致引起的误差。例如，标准电池是以20℃时的电动势作为标称值的，若在 30℃条件下使用，如不加以修正就引入了系统误差。

人为因素： 测量人员生理、心理特点或操作技术所引入的误差。例如，在估计读数时，有的人得到的数据习惯性的始终偏大。

系统误差具有一定的确定性，这种确定性表现在：测量条件一旦确定，误差也随之确定，重复测量时，误差的大小和符号保持不变。可见，系统误差与测量次数无关，不能利用增加测量次数的方法使其消除或减小。

系统误差又可以分为已定系统误差和未定系统误差。已定系统误差的符号和大小可以确定，未定系统误差的符号和大小则不能确定。前者一般可在测量过程中采取措施予以消除，也可在测量结果中进行修正；后者一般难以做出修正，实验中常用估计误差限的方法得出。

在大学物理实验中，系统误差对测量结果的影响通常比随机误差大。实验结果是否准确，往往在于系统误差是否已被发现并尽可能消除，因此，我们需要对整个实验所依据的原理、方法、仪器和步骤等可能引起误差的各种因素进行分析。大学物理实验重视对系统误差的分析和处理，尽量减小它对测量结果的影响。一般采用的方法包括修正已定系统误差、校准测量仪器、改进实验方案和实验装置、控制环境条件、修正测量结果、合理评定系统误差分量大致对应的 B 类不确定度等。

(2) *随机误差*

在多次测量同一被测量的过程中，仍会有各种偶然的、无法预测的不确定因素干扰而产生测量误差，测量列中数据的误差因此会出现或大或小、或正或负的情况。我们把这种以不可预知的方式变化着的误差分量称为随机误差。

在采取措施消除或修正了系统误差之后，对被测量进行多次测量时，测量值仍会出现一些无规律的起伏，这是由于随机误差的存在造成的。随机误差是由实验中各种因素（如温

度、湿度、气流、电压的波动、电磁干扰等）的微小变动引起的。实验装置、测量机构在各次调整操作时的变动性，测量仪器示值的变动性，观察者本人在判断和估计读数上的变动性等也会带来随机误差。这些因素的共同影响使每次的测量值围绕着测量结果的真实值或算术平均值发生随机涨落。

随机误差就某一测量而言是没有确定的规律的，但当测量次数足够多时，在总体上服从统计分布规律，可以用统计学的方法进行估算。

（3）粗大误差

明显歪曲测量值的误差称为粗大误差。这类误差是由于操作错误、读数错误、记录错误等原因造成的，即由于疏忽或失误造成的，所以也可叫过失误差。即便在测量过程中很细心，操作也很认真，但有时也会因随机性的原因出现较大的误差。这种情况从概率论的观点来分析是可能的，即相对数值较大的误差出现的概率尽管很低，但不等于绝对不能出现过失误差；从绝对数值上看，它远远大于在相近条件下一般的系统误差或随机误差。因此，带有粗大误差的测量值与正常测量值相差较大，故称之为异常值或可疑值。

处理粗大误差时，可以直接从测量数据中把异常值剔除。但对原因不明的可疑值，在处理时应采取慎重的态度，尽管它对测量的影响较大，但在不能判定为不可信时，绝不能按主观意愿轻易把它剔除，应当根据一定的准则来判断，最后才能决定是否把该数据剔除。

剔除测量列中异常数据的标准有 3σ 准则、肖维准则、格拉布斯准则等。统计理论表明，测量值的偏差超过 3σ 的概率只有 0.3%。因此，可以认为偏差超过 3σ 的测量值是由于其他因素（实验装置故障、测量条件的意外变化、较强的外界干扰）或过失造成的异常数据，应当剔除。

4. 测量结果的评价

我们经常用“精度”一词来描述测量结果的好坏，但对“精度”的理解和用法有时存在模糊认识。《通用计量术语及定义》中用来描述测量结果的术语包括正确度、精密度、准确度，我们以此为参考对它们做出相应说明。

正确度：在规定条件下，测量列的算术平均值与真值符合的程度。它是反映测量结果中系统误差大小的术语，正确度越高，系统误差就越小，测量结果越接近真值，但随机误差的大小并不明确。

精密度：在规定条件下，测量列中的各个测量值之间的离散程度。它是反映测量结果中随机误差大小的术语，精密度越高，则离散程度就越小，数据重复性好，随机误差小，但系统误差的大小并不明确。

准确度：测量结果的重复性和接近真值的程度。它反映了测量结果中随机误差和系统误差的综合效果。

打靶弹着点的分布情况可以形象说明正确度、精密度和准确度之间的关系，如图 2-1 所示。

5. 仪器误差

对某一物理量进行测量时，选用不同的测量器具可以得到不同的测量值，即使使用同一种器具测量，测量结果也会略有差别。任何仪器都存在误差，这与仪器的工作原理、结构组成、生产工艺、参数指标等因素有关，也与其使用条件、读数方法以及外部环境影响有关。一般情况下，仪器误差既包括系统误差，又包括随机误差。在实际应用中，人们往往关注的是仪器提供的测量结果与真值之间的一致程度，即测量结果中各系统误差和随机误差的综合估计指标。在物理实验中，常常把由国家技术标准或检定规程规定的计量器具允许误差或允许基本误差经过适当简化称为仪器的误差限。它是指在正确使用仪器的条件下，测量结果与真值之间可能产生的最大误差，用$\Delta_{仪}$表示。物理实验常用仪器的最大允许误差如表 2-1 所示。

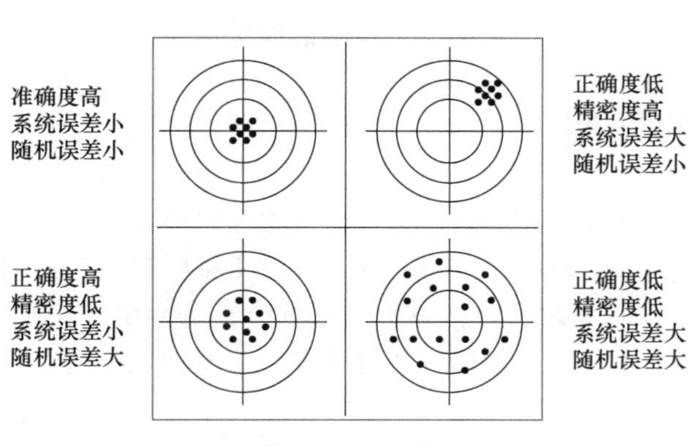

图 2-1　测量结果评价对比图

表 2-1　物理实验常用仪器的最大允许误差

仪器名称	量　程	分度值（准确度等级）	$\Delta_{仪}$
钢直尺	0～300mm	1mm	±0.1mm
钢卷尺	0～1000mm	1mm	±0.5mm
游标卡尺	0～300mm	0.02，0.05，0.1mm	分度值
螺旋测微器（一级）	0～100mm	0.01mm	±0.004mm
TW-1 物理天平	1000g	100mg	±50mg
WL-1 物理天平	1000g	50mg	±50mg
TG928A 矿山天平	200g	10mg	±5mg
水银温度计	−30～300℃	0.2℃，0.1℃	分度值
读数显微镜		0.01mm	±0.004mm
数字式测量仪器			最末一位的一个单位或按仪器说明估算
指针式电表		a=0.1，0.2，0.5，1.0，1.5，2.5，5.0	±量程×a%

量程是指仪器所能测量的范围，其值由测量工具的最小测量值和最大测量值决定。对量程的选择要适当，测量时勿超出仪器的量程，但也不应一味选择大量程，如果仪器的量程比测量值大很多时，测量误差往往会比较大。

分度值表示仪器所能准确读到的最小数值，其大小反映了仪器的精密程度。一般来说，分度值越小，仪器越精密，所测物理量量值的位数就越多。

由于测量目的不同，对仪器准确程度的要求也不同。对于电气仪表，准确度等级 a 一般分为 0.1、0.2、0.5、1.0、1.5、2.5、5.0 七个等级。在规定条件下使用时，其示值 x 的最大允许误差为

$$\Delta x = \pm 量程 \times a\% \tag{2-3}$$

例如，0.5 级电压表量程为 3V 时，$\Delta U=$（±3×0.5%）V=±0.015V。

对于电学仪器准确度等级的选择要适当，在满足测量要求的前提下尽量选择准确度等级较低的仪器。当待测物理量为间接测量时，对于各直接测量仪器准确度等级的选择，应根据误差合成和误差均分原理，视直接测量的误差对实验最终结果影响程度的大小而定，影响小的可选择准确度等级较低的仪器，否则应选择准确度等级较高的仪器。

2.3 随机误差的处理

在采取措施消除或修正了系统误差之后，仍存在随机误差。随机误差是由多种因素综合作用引起的，这些误差因素在测量中随机出现，又都不很明显，使得随机误差的大小和符号不能确定。随机误差不能完全被消除，但可以根据统计分布的规律用多次测量的方法来减小。其分布规律和处理方法涉及了较多数理统计和概率论知识，我们只限于介绍它的一些主要特征和结论。

1. 随机误差的分布规律

统计理论和实验都证明，在绝大多数测量中，当重复测量的次数足够多时，随机误差服从正态分布规律。正态分布的曲线如图 2-2 所示，图中横坐标表示随机误差 Δx（$\Delta x=x_i-x_0$），纵坐标为随机误差的概率密度函数 $f(\Delta x)$。应用概率论方法可导出

$$f(\Delta x)=\frac{1}{\sigma\sqrt{2\pi}}\mathrm{e}^{-\frac{\Delta x^2}{2\sigma^2}} \tag{2-4}$$

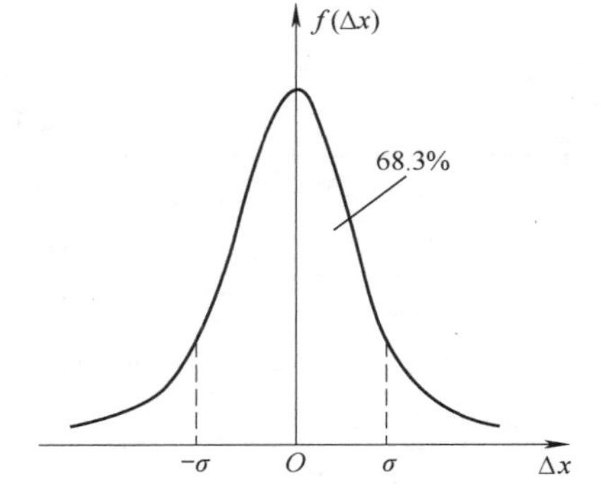

图 2-2 随机误差的正态分布

式中，特征量 $\sigma=\sqrt{\dfrac{\sum \Delta x_i^2}{n}}$（$n\to\infty$）称为标准误差。

随机误差对个体来说，即重复测量中的任何一次测量所产生的误差，是没有规律、不能控制的，用实验的办法也是无法消除的。但对总体而言，随机误差服从一定的统计分布规律（正态分布或高斯分布）。因此，对于随机误差，可以采用概率统计的方法进行处理，即用标准误差 σ 来表示，测量次数 n 越大，标准误差 σ 越小，亦即随机误差就越小。可见，随机误差与测量次数有关，增加测量次数可以减小随机误差对测量结果的影响。

图 2-3 表示两条不同 σ 值的正态分布密度曲线。由图可见，σ 小，曲线陡且峰值高，说明误差集中，小误差占优势，各测量值的离散性小，重复性好；反之，σ 大，曲线较平坦，各测量值的离散性大，重复性差。

随机误差落在 $[\Delta x, \Delta x+\mathrm{d}(\Delta x)]$ 区间内的概率为 $f(\Delta x)\mathrm{d}(\Delta x)$。显然，误差出现在（$-\infty$，$+\infty$）范围内的概率为 100%，即

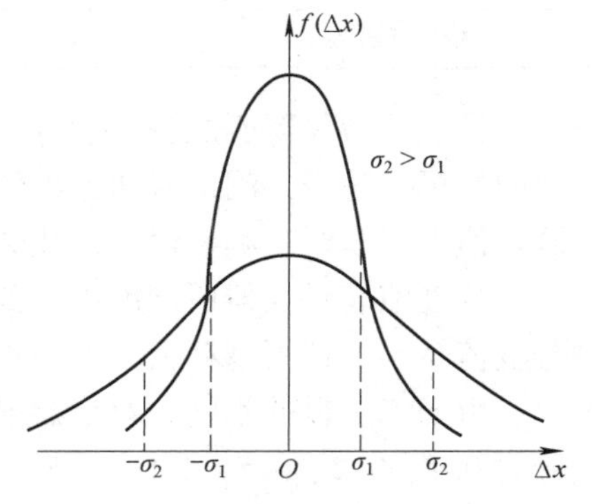

图 2-3 不同 σ 的概率密度曲线

$$P=\int_{-\infty}^{+\infty} f(\Delta x)\,\mathrm{d}(\Delta x)=1$$

误差出现在（$-\sigma,+\sigma$）内的概率 P_σ 就是图 2-2 中该区间内 $f(\Delta x)$ 曲线下的面积，可以证明

$$P_\sigma=\int_{-\sigma}^{+\sigma} f(x)\,\mathrm{d}x=0.683$$

这说明对于任一次测量，随机误差落在（$-\sigma,+\sigma$）区间的概率为 68.3%。区间（$-\sigma,+\sigma$）称为置信区间，相应的概率称为置信概率。置信区间分别取（$-2\sigma,+2\sigma$）、（$-3\sigma,+3\sigma$）时，相应的置信概率为

$$P_{2\sigma}=\int_{-2\sigma}^{+2\sigma} f(\Delta x)\,\mathrm{d}(\Delta x)=0.954$$

$$P_{3\sigma}=\int_{-3\sigma}^{+3\sigma} f(\Delta x)\,\mathrm{d}(\Delta x)=0.997$$

用百分数表示则分别为 68.3%、95.4%和 99.7%，其所对应曲线下的面积如图 2-4 所示。

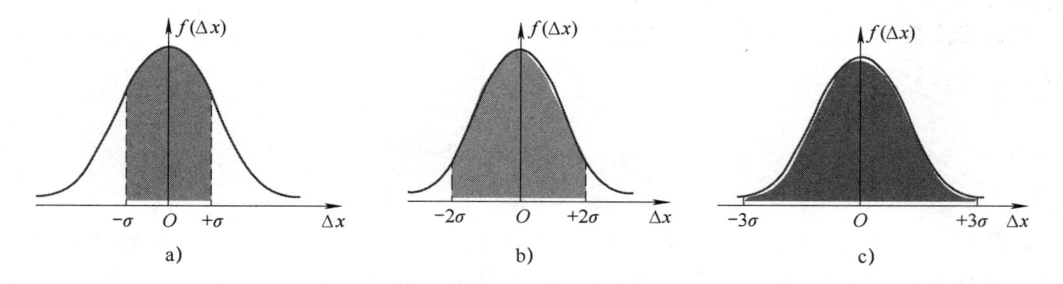

图 2-4　误差落在某区间的概率

a）$P_\sigma=68.3\%$　b）$P_{2\sigma}=95.4\%$　c）$P_{3\sigma}=99.7\%$

综上所述，随机误差的特性可归纳为三个方面：具有随机性、产生在测量过程中、与测量次数有关。服从正态分布的随机误差具有以下特征：

（1）对称性，即绝对值相等的正误差和负误差出现的概率相等。

（2）单峰性，即绝对值小的误差出现的概率大。

（3）有界性，绝对值很大的误差出现的概率很小，甚至趋近于零。

（4）抵偿性。随机误差的算术平均值随着测量次数的增加而越来越趋于零，即

$$\lim_{n\to\infty}\frac{1}{n}\sum_{i=1}^{n}\Delta x_i=0$$

2. 实验结果的最佳值

在测量不可避免地存在随机误差的情况下，每次测量都有差异。我们可以利用随机误差的统计特性来判断实验结果的最佳值。

设对某一物理量进行等精度测量，所得测量列为 x_1，x_2，x_3，…，x_n。测量结果的算术平均值为

$$\bar{x}=\frac{1}{n}\sum_{i=1}^{n}x_i$$

根据误差的定义有

$$\Delta x_i = x_i - x_0$$

$$\frac{1}{n}\sum_{i=1}^{n}\Delta x_i = \frac{1}{n}\sum_{i=1}^{n}(x_i - x_0) = \bar{x} - x_0$$

根据随机误差的抵偿性，当 $n\to\infty$ 时，$\frac{1}{n}\sum_{i=1}^{n}\Delta x_i \to 0$，因此 $\bar{x}\to x_0$。

所以，当测量次数足够多时，可以将测量列的算术平均值 $\bar{x}$ 作为真值 x_0 的最佳估计值。当测量次数 n 有限时，可以证明测量列的算术平均值 $\bar{x}$ 仍然是真值 x_0 的最佳估计值。

3. 随机误差的估算

在实际测量中，测量次数 n 总是有限的，真值也是未知的，无法通过测量得到标准误差。因此，标准误差仅具有理论价值，对它的实际处理只能进行估算。估算标准误差最常用的方法是贝塞尔法。

算术平均值 $\bar{x}$ 可以作为真值 x_0 的最佳估计值，于是，我们把测量值与算术平均值之间的差值（$\Delta x_i' = x_i - \bar{x}$）称为**偏差**。

当测量次数有限时，随机误差引起的各个测量值的离散性可用标准偏差 S_x 表示，由以下贝塞尔公式计算：

$$S_x = \sqrt{\frac{\sum_{i=1}^{n}(x_i - \bar{x})^2}{n-1}} \tag{2-5}$$

标准偏差 S_x 表示任意一组有限次测量的标准误差的估计值。其代表的物理意义为：如果这一组有限次测量的随机误差遵从正态分布规律，那么，各个测量值的随机误差落在 $[-S_x, +S_x]$ 区域之间的概率均为 68.3%。

S_x 小，说明随机误差的分布范围窄，小误差占优势，各测量值的离散性小，重复性好；S_x 大，说明各测量值的离散性大，重复性差。

对某一物理量进行有限次测量时，我们是用算术平均值表示测量结果的，而算术平均值本身也是一个随机量。因为，在对该物理量进行多组有限次测量时，各组的算术平均值也会存在差异。由误差理论，算术平均值的标准偏差表示为

$$S_{\bar{x}} = \frac{S_x}{\sqrt{n}} = \sqrt{\frac{\sum_{i=1}^{n}(x_i - \bar{x})^2}{n(n-1)}} \tag{2-6}$$

可以看出，算术平均值的标准偏差比任意一组有限次测量的标准偏差小。增加测量次数可以减小算术平均值的标准偏差，提高算术平均值的可靠性，但随着测量时间的延长，等精度测量的条件很难保持稳定，势必会带来其他测量误差，且当 $n>10$ 以后，随着测量次数的增加，$S_{\bar{x}}$ 减小得很缓慢，如图 2-5 所示。所以，在科学研究中测量次数一般取 10~20 次，而在物理实验教学中通常取 6~10 次。

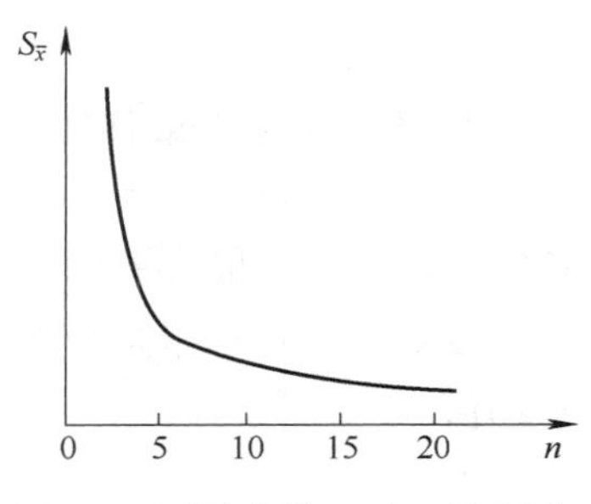

图 2-5　测量次数 n 对 $S_{\bar{x}}$ 的影响

需要注意，S_x 与 $S_{\bar{x}}$ 是两个不同的概念，标准偏差 S_x 反

映了一组测量数据的离散程度，而算术平均值标准偏差 $S_{\bar{x}}$ 反映了算术平均值的离散程度，即算术平均值接近真值的程度。

2.4　有效数字及其运算规则

记录数据和处理数据是实验过程中的一个关键环节。我们在表达一个物理量的测量结果时，要正确反映测量所能提供的有效信息，不能随意取位。对于直接测量的数据在获取时如何取位，对于通过计算得到的测量结果如何保留有效数字，我们应该有一个明确的认识。

1. 有效数字的概念

为了理解有效数字的概念，先举一个例子。用毫米分度的米尺测得某物体的长度为 L=74.5mm，其中 74mm 是可以直接读出来的，“74” 称为准确数字（也叫可靠数字），而后面的 0.5mm 是从刻度尺上最小刻度之间估读出来的，“5” 则称为欠准确数字（又称可疑数字）。

将准确数字和欠准确数字合在一起，就构成了有效数字。有效数字的个数称为有效数字的位数。因此，前述的 L=74.5mm 中有三位有效数字。

对于直接测量的数据，有效数字的位数是由测量仪器和待测对象共同决定的。在实际应用时，由于仪器种类多样，读数规则也略有区别，一般的读数方法可大致归纳如下：

（1）一般读数应在最小分度值下再估读一位，但不一定估计到最小分度值的 1/10，当仪表的分度较窄、指针较粗时，根据分度的数值可估读至 1/5 或 1/2 分度。

（2）对于数字式仪表及步进读数仪器（例如电阻箱）不需要进行估读，所显示的数字末位就是欠准确数字。

（3）游标类量具只读到游标分度值，一般不估读。

（4）有时读数的估读位取在最小分度位。如仪器的最小分度值为 0.5，则 0.1、0.2、0.3、0.4 及 0.6、0.7、0.8、0.9 都是估读的，这类情况不必估读到下位。

（5）在刻度盘上读取最小分度的整刻度值时，则必须补“0”。例如，用毫米分度钢直尺测出某物体的长度正好是 75mm 整，应该记录为 75.0mm，不能写成 75mm。

对同一物理量进行测量时，测量结果的有效数字位数越多，测量的准确度就越高。容易证明，有效数字多一位，相对误差 E 差不多要小一个数量级。

我们在保留和书写有效数字时应注意以下几点：

（1）有效数字的位数与小数点的位置无关，单位变换也不会影响有效数字的位数。例如，某物体的长度 L=74.5mm=7.45cm=0.745dm=0.0745m，它们都是三位有效数字。

（2）为便于书写，对于较大或较小的数值，常用 $\times10^{\pm n}$ 的形式（n 为正整数）来表示，通常在小数点前只写一位有效数字。例如，地球的平均半径为 6371km，若用单位米表示可以写为 6.371×10^6m，不能写成 6371km=6371000m。

（3）对于通过计算得到的测量结果，其有效数字位数与参与运算的有效数字位数有关，在测量结果有效数字位数确定的情况下，尾数的处理采用“四舍六入五凑偶”的规则。当保留 n 位有效数字时，若 $n+1$ 位数字小于 5 就舍掉，大于 5 就进 1；当 $n+1$ 位数等于 5 且后面的数字都为 0 时，若第 n 位数字为偶数就把 5 舍掉，若为奇数则进 1 凑偶；当 $n+1$ 位数等于 5 且后面的数字有不为 0 的任何数时，无论第 n 位数字为奇数还是偶数，都要加 1。

例如，将下列测量结果保留为四位有效数字后表示为

4. 32746→4. 327　　4. 32762→4. 328　　4. 32750→4. 328

4. 32850→4. 328　　4. 327501→4. 328　　4. 328501→4. 329

2. 有效数字的运算规则

间接测量值的计算过程即为有效数字的运算过程。严格说来，间接测量值的有效数字位数应根据测量结果的不确定度来判断，但在不确定度未确定之前，我们可以根据下列运算规则进行粗略计算和取位。有效数字运算取舍的规则是：**运算结果末位保留一位欠准确数字**。需要注意，当一位准确数字和一位欠准确数字进行运算时，其结果是欠准确的。

（1）加减运算

几个数相加减时，计算结果的有效数字末位应与参与运算的各量中欠准确位数最靠前的末位对齐。

例如：$21\bar{7}+14.\bar{8}=23\bar{2}$　　$32.4\bar{5}-10.\bar{3}=22.\bar{2}$

$$\begin{array}{r} 21\bar{7} \\ +\ 14.\bar{8} \\ \hline 23\bar{1}.\bar{8} \end{array} \qquad \begin{array}{r} 32.4\bar{5} \\ -\ 10.\bar{3} \\ \hline 22.\bar{1}\bar{5} \end{array}$$

式中，上方加一短线的数字为欠准确数字。特别要注意：在相加的运算过程中可能会使有效数字位数增加，在相减的运算过程中可能会使有效数字位数减少。

（2）乘除运算

几个数相乘除时，计算结果的有效数字位数一般与参与运算的各量中有效数字位数最少的相同。

例如：$1.111\bar{1}\times1.1\bar{1}=1.2\bar{3}$

$$\begin{array}{r} 1.111\bar{1} \\ \times\ \ 1.1\bar{1} \\ \hline \bar{1}\bar{1}\bar{1}\bar{1}\bar{1} \\ 1111\bar{1} \\ 1111\bar{1} \\ \hline 1.2\bar{3}\bar{3}\bar{3}\bar{2}\bar{1} \end{array}$$

由此可知，如果间接测量是由几个直接测量值通过乘除运算得到的，设计实验方案时应考虑各直接测量值的有效数字位数要基本相仿，否则精度过高的测量就失去意义了。

（3）乘方、立方、开方运算

对于乘方、立方、开方等运算，计算结果的有效数字位数与底数的有效位数相同。

（4）指数、对数和三角函数运算

指数、对数、三角函数的运算可由其数值的改变量来确定。例如，在实验中测得的某一角度为20°6′，试计算sin20°6′的结果。

角度中的“6′”是欠准确数字，由计算器得到的运算结果为sin20°6′=0. 343659695…，sin20°7′=0. 343932851…。两种结果在小数点后面第四位出现了差异，所以$\sin20°6'=0.343\bar{7}$。

（5）常数

π、e、$\sqrt{2}$等常数的有效数字位数是无限的，应根据运算需要合理取值。一般情况下，当常数参与加减运算时，小数点后多取一位；当常数参与乘除运算时，其有效数字位数比参与运算的数据多取一位。例如：

$S=\pi r^2$，$r=6.04\bar{2}\text{cm}$，π 取为 3.1416，则 $S=3.1416\times6.04\bar{2}^2\text{cm}^2=114.\bar{7}\text{cm}^2$。

$\theta=(129.\bar{3}+\pi)\text{rad}$，π 取为 3.14，则 $\theta=(129.\bar{3}+3.14)\text{rad}=132.\bar{4}\text{rad}$。

采用有效数字运算规则可以尽可能避免测量结果的准确程度因数字取舍不当而受到影响，也便于计算不确定度并最终确定测量结果的有效数字位数。

2.5 测量结果的不确定度评定

由于测量误差的存在，测量结果可以用真值的最佳估计值和用于表示该估计值近似程度的误差范围表示，这个用于定量评定测量结果质量的物理量就是不确定度。不确定度是反映实验结果可靠性的定量指标，引入不确定度可以对测量结果的量值范围做出科学合理的评价。对于测量结果的评定，国际上有较为统一的评定不确定度的表达方式，我国也有相应的技术规范。

1. 不确定度的概念

测量结果的不确定度是与测量结果相关联的参数，指的是由于测量误差的存在而对被测量值不能肯定的程度，用符号 U 表示。通过计算不确定度可以对被测量的真值所处的量值范围做出评定，而被测量的真值将以一定的概率落在这个范围内。不确定度大小反映了测量结果可信程度的高低，不确定度越小，测量结果与被测量的真值越接近。

为了能更直观地反映测量结果的优劣，需要引入相对不确定度 E，即

$$E=\frac{U}{X}\times100\% \tag{2-7}$$

式中，X 为被测量的量值。

2. 测量结果的表示

一个完整的测量结果不仅要给出该量值的数值和单位，同时还要给出它的不确定度。若被测量的量值为 X、不确定度为 U，则测量结果可以表示为

$$x=(X\pm U)\ 单位(置信概率\ P) \tag{2-8}$$

式（2-8）表明被测量的真值将以一定的概率落在区间［$X-U,X+U$］内。

对于式（2-7）和式（2-8），在实际应用时应注意以下几点：

（1）利用有效数字运算规则计算得到的被测量量值仅是一个简化结果，其有效数字位数应由不确定度最终决定。

（2）不确定度一般只取一位有效数字，当首位有效数字为 1 或 2 时通常取两位，大于等于 3 时取一位；尾数处理采用“只进不舍，非零即进”的原则；相对不确定度最多取两位有效数字，并用百分数表示。

（3）被测量量值的有效数字的末位要与不确定度的末位对齐。

（4）P 为置信概率，不同的置信概率下，测量结果的表达式有所区别。

3. 直接测量结果的不确定度估算

不确定度按其数值的评定方法可归并为两类分量，即用统计方法评定的 A 类分量 U_A 和用其他非统计方法评定的 B 类分量 U_B。

（1）A 类分量

对于某一物理量进行多次测量，用算术平均值 $\bar{x}$ 表示其测量结果，用算术平均值的标准偏差来表征不确定度的 A 类分量，即 $U_A = S_{\bar{x}}$。

在实际测量过程中，测量次数通常是有限的，随机误差不完全服从正态分布规律，而是遵从 t 分布（又称学生分布）规律，如图 2-6 所示。t 分布曲线与正态分布曲线类似，但两者有所偏离，t 分布的上部较窄，下部较宽，其峰值低于正态分布。在有限次测量的情况下，若使 t 分布具有与正态分布（无限次测量）相同的置信概率，则要扩大 t 分布的置信区间。此时，对于随机误差的估计，要在式（2-6）上乘上一个与 t 分布相关的修正因子 t_P，即

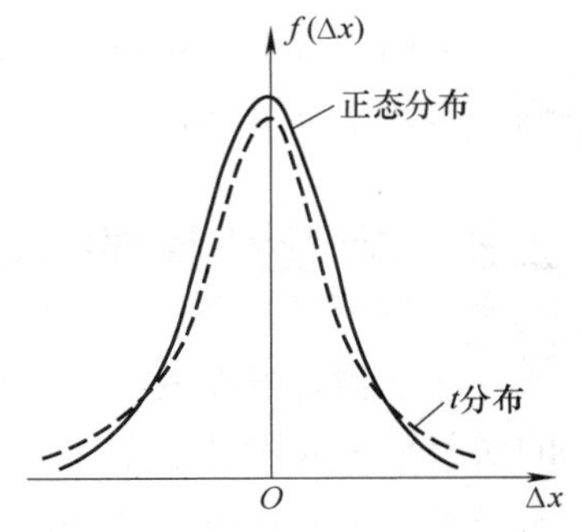

图 2-6　t 分布与正态分布的比较

$$U_A = t_P S_{\bar{x}} = t_P \sqrt{\frac{\sum_{i=1}^{n}(x_i - \bar{x})^2}{n(n-1)}} \tag{2-9}$$

式中，t_P 为与测量次数 n 和置信概率 P 有关的量，可从下面表 2-2 中查得。

表 2-2　t_P 因子表

P	n											
	2	3	4	5	6	7	8	9	10	15	20	∞
0.68	1.84	1.32	1.20	1.14	1.11	1.09	1.08	1.07	1.06	1.04	1.03	1.00
0.95	12.71	4.30	3.18	2.78	2.57	2.45	2.36	2.31	2.26	2.15	2.09	1.96
0.99	63.66	9.93	5.58	4.60	4.03	3.71	3.50	3.36	3.25	2.98	2.86	2.58

（2）B 类分量

以不同于统计方法给出的不确定度分量统称为 B 类分量。B 类分量的估计是不确定度评定中的难点。由于引起 B 类分量的误差成分与未定系统误差相对应，而未定系统误差又存在于测量过程中的各个环节，因此 B 分量通常也是由多项组成的。在 B 类分量的估算中需要详尽分析其来源，尤其是不重复、不遗漏那些对测量结果影响较大的或主要的不确定度来源。B 类分量的来源一般包括仪器误差、估读误差和灵敏度误差三种，物理实验中一般只考虑仪器误差所带来的总的 B 类分量。

仪器误差是指误差限，即在正确使用仪器的条件下，测量结果与真值之间可能产生的最大误差，用 $\Delta_{仪}$ 表示，见表 2-1。仪器误差本身就是一种未定系统误差，它与随机误差既有区别又有共同的特性。在等精度测量中，仪器误差相对固定而不具有抵偿性，但当随机地改变某些条件时，仪器误差又具有随机性。由于具有与随机误差类似的特性，有时将仪器误差视作随机变量，并认为在极限误差 $[-\Delta_{仪}, \Delta_{仪}]$ 范围内服从某一概率分布，其分布规律既与误差因素的变化有关，也与测量条件的变化有关，而实际上很难求得。对于仪器误差的概率分

布，主要依据经验资料的分析和判断来确定，大都采用两种分布假设，一种是正态分布，一种是均匀分布。

在不确定度的计算中，B 类分量用 U_B 表示，定义为

$$U_B = \frac{\Delta_{仪}}{C} \tag{2-10}$$

式中，C 为置信系数，与仪器测量误差在 $[-\Delta_{仪},\Delta_{仪}]$ 范围内的分布概率有关。

若知道 $\Delta_{仪}$ 服从的分布规律，可用式（2-10）计算 U_B。对于未明确说明仪器误差的分布规律或对某些分布性质尚不清楚时，很多文献和教材中把它们简化成均匀分布来处理，在计算合成标准不确定度时 $C=\sqrt{3}$，而在计算扩展不确定度时 $C\approx1$，即

$$U_B \approx \Delta_{仪} \tag{2-11}$$

（3）合成不确定度及分类

在各不确定度分量相对独立的情况下，将 A 类分量和 B 类分量按 **“方、和、根”** 的方法合成，构成合成不确定度，即

$$U_C = \sqrt{U_A^2 + U_B^2} \tag{2-12}$$

根据不确定度理论，被测量的真值位于不同置信区间时具有不同的置信概率。因此，可以将合成不确定度分为合成标准不确定度（$P=68.3\%$）和扩展不确定度（$P\geqslant95\%$）。

合成标准不确定度以标准偏差表示测量的不确定度，记为 u，它表示在测量值附近以合成标准不确定度为界的 $[-u,u]$ 内，包含真值的概率为 $P=68.3\%$，即

$$u = \sqrt{U_A^2 + U_B^2} = \sqrt{(t_P S_{\bar{x}})^2 + \left(\frac{\Delta_{仪}}{C}\right)^2} \quad (P = 68.3\%) \tag{2-13}$$

在一些实际工作中，要求置信概率较大，以使被测量的真值以较高概率落在更大的置信区间内，对应的区间半宽度称为扩展不确定度。用 U 表示为

$$U = \sqrt{U_A^2 + U_B^2} \approx \sqrt{(t_P S_{\bar{x}})^2 + \Delta_{仪}{}^2} \quad (P \geqslant 95\%) \tag{2-14}$$

我国计量技术规范（JJG1027—91）中把 $P=0.95$ 作为广泛采用的置信概率。在本书中，如无特殊说明，均以 $P=0.95$ 作为约定概率计算扩展不确定度。当用式（2-8）表示测量结果时，可不必注明符号 P 及对应的概率数值。

（4）单次测量的不确定度

有的被测量在实验中因为各种原因只能测量一次。例如，有些物理量是随时间变化的，无法进行重复测量；有些量因为对它的测量精度要求不高，没有必要进行重复测量，或因估算出的 U_A 对实验的最后结果影响甚小。这时的不确定度估算只能根据仪器误差、测量方法、实验条件以及操作者技术水平等实际情况进行合理估计。

约定用仪器误差或其数倍作为单次直接测量的不确定度的估计值。当取 $U=\Delta_{仪}$ 时，并不意味着只测一次比多次测量时得到的 U 值小，只能说明用 $\sqrt{U_A^2+U_B^2}$ 估算出的结果与 $\Delta_{仪}$ 相差不大。

【例 2-1】 用天平（仪器误差 $\Delta_{仪}=0.02\text{g}$）测量物体质量 m 九次，测量数据如下：

i	1	2	3	4	5	6	7	8	9
m_i/g	18.79	18.72	18.75	18.71	18.74	18.73	18.78	18.76	18.77

求出测量结果。

解：

1）求平均值

$$\overline{m}=\frac{1}{9}\sum_{i=1}^{9}m_i=\frac{1}{9}(18.79+18.72+\cdots+18.77)\mathrm{g}=18.75\mathrm{g}$$

2）A类分量的表示（n=9，查表2-2得t=2.31）

$$\begin{aligned}U_{\mathrm{A}}^2&=(tS_{\overline{m}})^2=\frac{t^2}{n(n-1)}\sum_{i=1}^{9}(m_i-\overline{m})^2\\&=2.31^2\times\frac{1}{9\times8}[(18.79-18.75)^2+(18.72-18.75)^2+\cdots+(18.77-18.75)^2]\mathrm{g}^2\\&=0.000445\mathrm{g}^2\end{aligned}$$

3）B类分量的表示

$$U_{\mathrm{B}}^2=\Delta_{仪}^2=0.0004\mathrm{g}^2$$

4）扩展不确定度

$$U_m=\sqrt{U_{\mathrm{A}}{}^2+U_{\mathrm{B}}{}^2}=\sqrt{0.000445+0.0004}\,\mathrm{g}=0.03\mathrm{g}$$

5）测量结果表示为

$$m=(18.75\pm0.03)\mathrm{g}$$

计算结果表明，m的真值以近似于（或不低于）95%的置信概率落在［18.72g，18.78g］内。

4. 误差传递　间接测量结果的不确定度合成

直接测量的结果有误差，由直接测量值经过函数运算而得到的间接测量的结果也会有误差，这就是误差的传递。

设间接测量量N与各独立的直接测量量$x,y,z,\cdots$的函数关系为

$$N=f(x,y,z,\cdots)\tag{2-15}$$

在对各直接测量$x,y,z,\cdots$进行有限次测量的情况下，将各直接测量的最佳值代入式（2-15），即得到间接测量（最佳）值为$\overline{N}=f(\overline{x},\overline{y},\overline{z},\cdots)$。

设$\overline{x}$，$\overline{y}$，$\overline{z}$，…的不确定度为$U_{\overline{x}}$，$U_{\overline{y}}$，$U_{\overline{z}}$，…，它们必然影响间接测量的结果，使$\overline{N}$值也有相应的不确定度$U_{\overline{N}}$。由于不确定度都是微小的量，相当于数学中的“增量”，只要用不确定度$U_{\overline{x}}$，$U_{\overline{y}}$，$U_{\overline{z}}$，…替代微分dx，dy，dz，…，再采用某种合成方法，就可得到不确定度传递公式，一般用“方、和、根”形式合成。因此，间接测量的不确定度计算公式与数学中的全微分公式基本相同。当函数表达式仅为“和差”形式时，可用式（2-16）计算：

$$U_{\overline{N}}=\sqrt{\left(\frac{\partial f}{\partial x}\right)^2U_{\overline{x}}^2+\left(\frac{\partial f}{\partial y}\right)^2U_{\overline{y}}^2+\left(\frac{\partial f}{\partial z}\right)^2U_{\overline{z}}^2+\cdots}\tag{2-16}$$

当函数表达式为“积和商（或积商和差混合）”形式时，应先对间接测量量$\overline{N}=f(\overline{x},\overline{y},\overline{z},\cdots)$函数式两边取自然对数，再求全微分可得到计算相对不确定度的公式

$$E_{\overline{N}}=\frac{U_{\overline{N}}}{\overline{N}}=\sqrt{\left(\frac{\partial\ln f}{\partial x}\right)^2U_{\overline{x}}^2+\left(\frac{\partial\ln f}{\partial y}\right)^2U_{\overline{y}}^2+\left(\frac{\partial\ln f}{\partial z}\right)^2U_{\overline{z}}^2+\cdots}\tag{2-17}$$

已知 $E_{\overline{N}}$ 和 $\overline{N}$ 便可求出合成不确定度

$$U_{\overline{N}} = \overline{N} \cdot E_{\overline{N}} \tag{2-18}$$

式（2-16）或式（2-17）还常用来分析各直接测量量的误差对最后结果误差的影响大小，从而为设计或改进实验方案、选择测量仪器等提供重要依据。常用函数的不确定度合成公式如表 2-3 所示。

表 2-3　常用函数的不确定度合成公式

函数表达式	不确定度合成公式
$N=x\pm y$	$U_N=\sqrt{U_x^2+U_y^2}$
$N=xy$ 或 $N=\dfrac{x}{y}$	$\dfrac{U_N}{N}=\sqrt{\left(\dfrac{U_x}{x}\right)^2+\left(\dfrac{U_y}{y}\right)^2}$
$N=kx$	$U_N=\|k\|U_x$；$\dfrac{U_N}{N}=\dfrac{U_x}{x}$
$N=x^n$	$\dfrac{U_N}{N}=n\dfrac{U_x}{x}$
$N=\sqrt[n]{x}$	$\dfrac{U_N}{N}=\dfrac{1}{n}\dfrac{U_x}{x}$
$N=\dfrac{x^p y^q}{z^r}$	$\dfrac{U_N}{N}=\sqrt{p^2\left(\dfrac{U_x}{x}\right)^2+q^2\left(\dfrac{U_y}{y}\right)^2+r^2\left(\dfrac{U_z}{z}\right)^2}$
$N=\sin x$	$U_N=\|\cos x\|U_x$
$N=\ln x$	$U_N=\dfrac{U_x}{x}$

【例 2-2】已知某铜环的外径 $D=(2.995\pm0.006)\text{cm}$，内径 $d=(0.997\pm0.003)\text{cm}$，高度 $H=(0.9516\pm0.0005)\text{cm}$。求该铜环的体积及其不确定度，并写出测量结果。

解：$V=\dfrac{\pi}{4}(D^2-d^2)H=\dfrac{3.1416}{4}[(2.995^2-0.997^2)\times0.9516]\ \text{cm}^3=5.961\text{cm}^3$

$$\ln V=\ln\frac{\pi}{4}+\ln(D^2-d^2)+\ln H$$

$$\frac{\partial \ln V}{\partial D}=\frac{2D}{D^2-d^2},\quad \frac{\partial \ln V}{\partial d}=-\frac{2d}{D^2-d^2},\quad \frac{\partial \ln V}{\partial H}=\frac{1}{H}$$

$$\frac{U_V}{V}=\sqrt{\left(\frac{2D}{D^2-d^2}\right)^2U_D^2+\left(-\frac{2d}{D^2-d^2}\right)^2U_d^2+\left(\frac{1}{H}\right)^2U_H^2}$$

$$=\sqrt{\left(\frac{2\times2.995\times0.006}{2.995^2-0.997^2}\right)^2+\left(\frac{2\times0.997\times0.003}{2.995^2-0.997^2}\right)^2+\left(\frac{0.0005}{0.9516}\right)^2}$$

$$=0.00461$$

$$U_V=0.00461\times V=(0.00461\times5.961)\text{cm}^3=0.028\text{cm}^3$$

所以
$$V=(5.961\pm0.028)\text{cm}^3$$

2.6 数据的表示与处理

我们通过测量可以验证或探究各个物理量之间的相互关系和内在规律。因而，对于实验测量的大量数据必须进行恰当的表示和正确的处理。数据处理是指从获得数据开始到得出最后结论的整个加工过程，包括数据记录、整理、计算、分析和绘制图表等。数据处理是科学实验的重要内容，涉及的内容很多，这里仅介绍一些基本的数据处理方法。

1. 列表法

记录数据是获得实验原始数据后的第一项工作，列表则是有序记录和表示数据的有效手段，也是用实验数据显示函数关系的原始方法。将数据按一定的规律列成表格，可以简单明确、有条不紊地表示出相关物理量之间的对应关系，既易于检查数据和发现问题，又有助于分析各物理量之间的变化规律。

数据表格没有统一的格式，在设计表格时要注意以下几点：

（1）表格的上方要写明表格的名称。

（2）各栏目均应醒目注明，例如所记录的物理量的名称（符号）、单位和量值的数量级等。

（3）栏目的顺序应充分注意数据间的联系和计算顺序，力求简明、齐全、有条理。

（4）表中的原始测量数据应正确反映有效数字，数据不应随意涂改，确实要修改数据时，应将原来数据画条斜杠以供备查，把修正的数据写在旁边。

例如，用牛顿环测定透镜的曲率半径（实验 10）的数据表格可设计如下：

环序 m	显微镜读数/mm		环的半径 r_m/mm	r_m^2/mm^2
	左方	右方	$\left\lvert\dfrac{\text{左方读数}-\text{右方读数}}{2}\right\rvert$	
6				
7				
8				
9				
10				
11				
12				
13				
14				
15				

2. 作图法

图线不仅能够直观地显示物理量之间相互的关系、变化趋势，而且能够从中找出变量的极值、转折点、周期性和某些奇异值等。如果采用内插法或外推法，还可以从图线上直接读出没有进行观测的点的数值。这种把实验测得的数据按对应关系在坐标纸上描绘，以此揭示各物理量之间相互关系的方法称为作图法。作图法是研究物理规律最常用的方法之一。

作图法的使用包括图示和图解两个环节。当两个物理量之间的关系很难用一个简单的解析函数式表示或者不用得出函数关系式时，仅采用图示法来直观、形象地表示它们之间的变化规律，如晶体管的特性曲线、校准曲线的描绘。在图示法的基础上，利用描绘出的实验曲线直接或间接地得到测量值或得出经验方程，称为图解法。由于直线最易描绘，且直线方程的两个参数（斜率和截距）也较易算得，所以对于两个变量之间的函数关系是非线性的情形，在用图解法时应尽可能通过变量代换将非线性的函数转变为线性函数。例如，$y=ax^b$（a 和 b 为常数），等式两边取对数得 $\lg y=\lg a+b\lg x$，于是，$\lg y$ 与 $\lg x$ 为线性关系，b 为斜率，$\lg a$ 为截距。

作图法的基本步骤和规则如下：

（1）选择坐标纸。常用坐标纸有直角坐标纸（即毫米方格纸）、对数坐标纸、半对数坐标纸和极坐标纸等。一般图上最小分格对应测量数据的最后一位可靠数字，即坐标轴上的最小分度（1mm）对应于实验数据的最后一位准确数字。

（2）确定坐标轴、比例和分度。通常用横坐标表示自变量，用纵坐标表示因变量，并用粗实线在坐标纸上描出坐标轴。**一个坐标轴应包括四要素：物理量的名称（符号）、单位、轴的方向及等间隔标注的分度值。坐标轴的起点不一定从零开始，**用略小于实验数据最小值的某一整齐数作为起点，略大于实验数据最大值的某一整齐数作为终点。

坐标比例是指坐标轴上单位长度（通常为 1cm）所代表的物理量大小。为了便于读数和防止损失有效数字位数，**应该选每厘米代表“1”“2”“5”及其倍率的比例，切勿采用“3”“7”“9”等比例。通过选取合适的比例和坐标轴起点，使作出的曲线充满图纸。**

比例确定后，应对坐标轴进行分度，即在坐标轴上均匀地（一般每隔 2cm）标出所代表物理量的整齐数值，不要标注实验测量数据。

（3）描点。用直尺和笔尖清楚地将实验数据点在图纸上准确地用“+”号标出。若在同一张图纸上同时作几条实验曲线，各条曲线的实验数据点应该用不同符号（如×、⊙等）标出，以示区别。

（4）连线。使用曲线板或透明直尺将实验数据点拟合成光滑的曲线或直线（若是校准曲线应连成折线）。图线不一定要通过所有实验数据点，实验点应均匀分布在图线两侧，且离图线距离尽可能小。个别偏离曲线较远的点，应检查标点是否错误，若属错误数据，在连线时不予考虑。

（5）图注与说明。在图纸的明显位置写明图线的名称、比例、必要的说明（主要指实验条件、数据来源）、作者及日期等。

（6）图解法求经验公式。根据已作好的图线，用数学知识求出待定常数，得到曲线方程或经验公式。当函数关系为线性关系时，步骤如下：

1）取点。在直线上靠近实验数据两端点的内侧取两点 $A(x_1,y_1)$、$B(x_2,y_2)$，并用不同于实验点的符号标明，注明其坐标值（注意有效数字）。

2）求斜率和截距。设直线方程为 $y=a+bx$，则

$$b=\frac{y_2-y_1}{x_2-x_1}$$

$$a=\frac{x_2y_1-x_1y_2}{x_2-x_1}$$

注意：解析点不能采用测量数据点，斜率不能用纵坐标和横坐标的几何长度比值求出！

【例 2-3】金属电阻与温度的关系可近似表示为 $R=R_0(1+\alpha t)$，R_0 为 $t=0$℃时的电阻，α 为电阻的温度系数。某金属电阻与温度的变化关系如下表所示，试用图解法建立该金属电阻与温度关系的经验公式。

i	1	2	3	4	5	6	7
t/℃	10.5	26.0	38.3	51.0	62.8	75.5	85.7
R/Ω	10.423	10.892	11.201	11.586	12.025	12.344	12.679

解：1）比例选择

$\frac{90.0-10.0}{17}=4.7$，故取为 5.0℃/cm；

$\frac{12.800-10.400}{25}=0.096$，故取为 0.100Ω/cm。

2）图示描绘，如图 2-7 所示的斜直线。

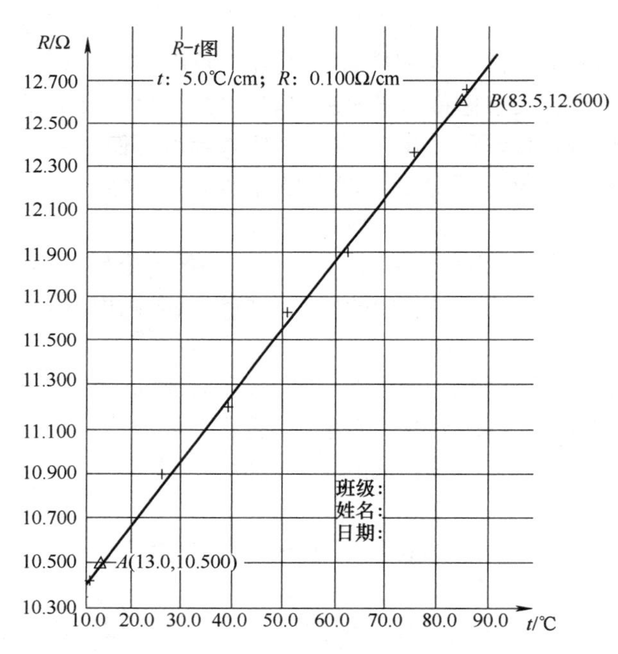

图 2-7 电阻与温度关系曲线

3）图解计算

在图线上取两点 $A(13.0,10.500)$ 和 $B(83.5,12.600)$，斜率和截距计算如下：

$$b=\frac{y_B-y_A}{x_B-x_A}=\frac{12.600-10.500}{83.5-13.0}\Omega/℃=\frac{2.100}{70.5}\Omega/℃=0.0298\Omega/℃$$

$$R_0=R_1-bt_1=(10.500-0.0298\times13.0)\Omega=(10.500-0.387)\Omega=10.113\Omega$$

$$\alpha = \frac{b}{R_0} = \frac{0.0298}{10.113}/℃ = 2.95\times10^{-3}/℃$$

所以，该金属电阻与温度的经验公式为

$$R = 10.113(1 + 2.95\times10^{-3}t)$$

3. 最小二乘法

作图法虽然有许多优点，但不同的人用作图法处理同一组数据时，具有不同程度的主观随意性，得出的结果往往也是不一样的。因此，作图法是一种粗略的数据处理方法。

由一组实验数据拟合出一条最佳直线，更严格的方法是最小二乘法。**最小二乘法的基本原理是：对于等精度测量，若存在一条最佳的拟合曲线，那么各测量值与这条曲线上对应点之差的平方和应取最小值。**由最小二乘法得到的变量之间的函数关系称为回归方程。我们仅讨论一元线性拟合的情况。

物理量 y 和 x 之间满足线性关系 $y=a+bx$，假定 x 和 y 值中只有 y 有明显的随机误差，实验测量数据为（x_i,y_i；$i=1,2,\cdots,n$），其中 $x=x_i$ 对应 $y=y_i$。由于测量总是有误差的，我们将这些误差归结为 y_i 的测量偏差，如图 2-8 所示，记为

$$\varepsilon_i = y_i - (a + bx_i)$$

根据最小二乘法的原理，偏差的平方和应最小，即

$$\sum_{i=1}^{n}\varepsilon_i^2 \to \min$$

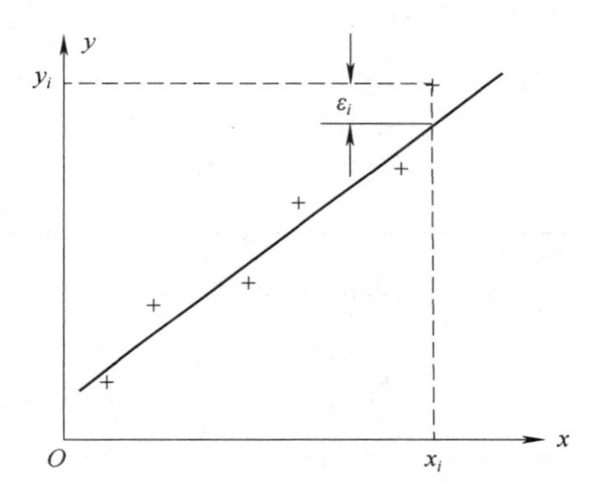

图 2-8　y_i 的测量偏差

令　　$$S = \sum_{i=1}^{n}\varepsilon_i^2 = \sum_{i=1}^{n}(y_i - a - bx_i)^2$$

使 S 为最小的条件是

$$\frac{\partial S}{\partial a} = 0,\ \frac{\partial S}{\partial b} = 0,\ \frac{\partial^2 S}{\partial a^2} > 0,\ \frac{\partial^2 S}{\partial b^2} > 0$$

由一阶微商为零得

$$\left.\begin{aligned}\frac{\partial S}{\partial a} &= -2\sum_{i=1}^{n}(y_i - a - bx_i) = 0\\ \frac{\partial S}{\partial b} &= -2\sum_{i=1}^{n}(y_i - a - bx_i)x_i = 0\end{aligned}\right\}$$

解得

$$a = \frac{\sum_{i=1}^{n}x_i\sum_{i=1}^{n}(x_iy_i) - \sum_{i=1}^{n}x_i^2\sum_{i=1}^{n}y_i}{\left(\sum_{i=1}^{n}x_i\right)^2 - n\sum_{i=1}^{n}x_i^2},\quad b = \frac{\sum_{i=1}^{n}x_i\sum_{i=1}^{n}y_i - n\sum_{i=1}^{n}(x_iy_i)}{\left(\sum_{i=1}^{n}x_i\right)^2 - n\sum_{i=1}^{n}x_i^2}$$

令 $\bar{x} = \frac{1}{n}\sum_{i=1}^{n}x_i$，$\bar{y} = \frac{1}{n}\sum_{i=1}^{n}y_i$，$\bar{x}^2 = \left(\frac{1}{n}\sum_{i=1}^{n}x_i\right)^2$，$\overline{x^2} = \frac{1}{n}\sum_{i=1}^{n}x_i^2$，$\overline{xy} = \frac{1}{n}\sum_{i=1}^{n}(x_iy_i)$，则

$$a = \bar{y} - b\bar{x},\quad b = \frac{\bar{x}\cdot\bar{y} - \overline{xy}}{\bar{x}^2 - \overline{x^2}}$$

如果实验是在已知 y 和 x 满足线性关系下进行的，那么用上述最小二乘法线性拟合（又称一元线性回归）可解得斜率 b 和截距 a，从而得出回归方程 $y=a+bx$。如果实验是要通过对 x、y 的测量来寻找经验公式，则还应判断由上述一元线性拟合所确定的线性回归方程是

否恰当，可用下列相关系数 r 来判别：

$$r=\frac{\overline{xy}-\overline{x}\cdot\overline{y}}{\sqrt{(\overline{x^2}-\overline{x}^2)(\overline{y^2}-\overline{y}^2)}}$$

式中，$\overline{y}^2=\left(\frac{1}{n}\sum_{i=1}^{n}y_i\right)^2$；$\overline{y^2}=\frac{1}{n}\sum_{i=1}^{n}y_i^2$。

可以证明，$|r|$值总是在 0 和 1 之间。$|r|$值越接近 1，说明实验数据点密集地分布在所拟合直线的近旁，用线性函数进行回归是合适的。$|r|=1$ 表示变量 x、y 完全线性相关，拟合直线通过全部实验数据点。$|r|$值越小线性越差，一般 $|r|\geqslant 0.9$ 时可认为两个物理量之间存在较密切的线性关系，此时用最小二乘法直线拟合才有实际意义。

【例 2-4】 采用最小二乘法处理例 2-3 中电阻随温度变化的实验数据：（1）线性拟合，并写出回归方程；（2）求出相关系数 r，评价相关程度。

解：（1）金属导体的电阻和温度的关系为

$$R=R_0(1+at)=R_0+aR_0t$$

令

$$y=R,\ x=t,\ A=R_0,\ B=aR_0$$

上式可变为

$$y=A+Bx$$

将例 2-3 中的实验数值填入下表，并进行计算（考虑到数据拟合，中间过程的计算结果尽量保留完整），结果如下：

i	x_i	x_i^2	y_i	y_i^2	x_iy_i
1	10.5	110.25	10.423	108.638929	109.4415
2	26.0	676	10.892	118.635664	283.192
3	38.3	1466.89	11.201	125.462401	428.9983
4	51.0	2601	11.586	134.235396	590.886
5	62.8	3943.84	12.025	144.600625	755.17
6	75.5	5700.25	12.344	152.374336	931.972
7	85.7	7344.49	12.679	160.757041	1086.5903
求和	349.8	21842.72	81.15	944.704392	4186.2501

由上表中数据可知

$$7\overline{x}=349.8,\ 7\overline{x^2}=21842.72$$

$$7\overline{y}=81.15,\ 7\overline{y^2}=944.704392$$

$$7\overline{xy}=4186.2501$$

由计算公式得

$$aR_0=B=\frac{\overline{xy}-\overline{x}\cdot\overline{y}}{\overline{x^2}-\overline{x}^2}=0.030043$$

$$R_0=A=\overline{y}-B\overline{x}=10.09157$$

$$a = \frac{B}{R_0} = \frac{0.030043}{10.09157} = 2.977 \times 10^{-3}$$

考虑测量情况，该金属电阻与温度的经验公式为

$$R = 10.092(1 + 2.98 \times 10^{-3} t)$$

（2）由相关系数 r 计算公式得

$$r = \frac{\overline{xy} - \overline{x} \cdot \overline{y}}{\sqrt{(\overline{x^2} - \overline{x}^2)(\overline{y^2} - \overline{y}^2)}} = 0.9992$$

由 r 值可见，R 与 t 之间有较好的线性关系，即相关程度较好。

目前，某些型号的计算器提供了最小二乘法的计算功能，可方便同学们直接输入计算。

4. 逐差法

在因变量和自变量之间存在线性关系，且自变量为等间距变化的情况下，逐差法既能充分利用实验数据，又具有减小随机误差的效果。具体做法是将测量得到的偶数组数据分成前后两组，将对应项分别相减，然后再求它们的平均值。举例说明如下：

【例2-5】 在弹性限度内，金属丝的伸长量 x 与所受的载荷（拉力）F 满足线性关系 $F=kx$。等差地改变载荷，测得一组实验数据，载荷与弹簧伸长位置的变化关系如下表所示。

测量次数 n	1	2	3	4	5	6	7	8
砝码质量/kg	1.000	2.000	3.000	4.000	5.000	6.000	7.000	8.000
弹簧伸长位置/cm	2.51	3.02	3.54	4.03	4.55	5.04	5.55	6.07

求每增加1.000kg砝码时金属丝的平均伸长量 Δx。

解： 将上述数值分成前后两组，前一组2.51cm、3.02cm、3.54cm、4.03cm，后一组4.55cm、5.04cm、5.55cm，6.07cm，然后对应项相减求平均，即

$$\Delta x = \frac{1}{4 \times 4}[(4.55 - 2.51) + (5.04 - 3.02) + (5.55 - 3.54) + (6.07 - 4.03)]\text{cm}$$

$$= \frac{1}{16} \times (2.04 + 2.02 + 2.01 + 2.04)\text{cm}$$

$$= 0.507\text{cm}$$

逐差法计算简单，既可以利用数据变化规律检验物理量间的函数关系，及时发现异常数据，又可以充分利用所有数据信息对数据取平均，体现了多次测量的优点，减小了测量误差。

一般来说，用逐差法处理得到的实验结果优于图解法，而次于最小二乘法。

5. 用计算机软件处理数据

计算机数据处理软件很多，发展也很快，如Excel、Origin、Matlab等。Excel是Microsoft Office的一个重要组件，它是一种高效的数据分析与制作图表的工具。由于Excel操作便捷，软件普及，所以应用较为普遍。例如，用Excel中提供的函数AVERAGE和STDEV这两个函数，可以对实验数据求平均值和求任一次测量的标准偏差；用Excel中的最小二乘法，可求得实验数据的经验公式；利用Excel的图表功能，可绘制实验数据的坐标图等。

（1）利用Excel表格进行数据计算

例如，用螺旋测微器测量小球直径时，6次测量数据分别为：2.121mm、2.126mm、

2. 124mm、2. 122mm、2. 123mm、2. 125mm，其中零位读数为 0. 005mm。计算小球直径测量结果和这组数据的标准偏差。

1）新建 Excel 工作表并打开，在 A1 至 I1 单元格中分别输入各列的表示符号，如表 2-4 所示。

表 2-4 利用 Excel 表格进行数据计算

	A	B	C	D	E	F	G	H	I
1	次数	1	2	3	4	5	6	平均值	标准偏差
2	测量读数D/mm	2.121	2.126	2.124	2.122	2.123	2.125		
3	修正值D'/mm	2.116	2.121	2.119	2.117	2.118	2.120	2.119	0.001870829

2）在 B2 至 G2 单元格中输入小球直径各测量读数。

3）在 B3 中输入公式“=B2-0. 005”，回车即可得到第一个数据修正后的结果。其他列的值也是相应列的值与 0. 005 之差。采用特殊数据输入方法，即把鼠标移到 B3 右下角的黑色小方块上，直到出现一黑色十字形光标时按下左键，并向右拖动鼠标，直到所需位置 G3 时释放鼠标，便可自动计算出各个修正值。

4）单击 H3 单元格使其成为活动单元格，单击工具栏中的插入函数“f_x”按钮，在插入函数对话框中选择求平均“AVERAGE”函数，单击“确定”按钮，在函数参数对话框中选择数据范围（B3:G3）并单击“确定”按钮，即可获得 6 次测量的平均值；也可在 H3 单元格中输入“=AVERAGE（B3:G3）”后按“回车”健。

5）在 I3 中输入公式“=STDEV（B3:G3）”可得到这组修正值的标准偏差。

如需将测量读数、修正值及平均值保留到小数点后第三位，可选中相应数据后，在“设置单元格格式”中的“数字”中选择“数值”，把“小数位数”改为“3”后点“确定”即可。

（2）利用 Excel 求解经验公式

以例 2-3 中电阻随温度变化的实验数据为例，利用 Excel 中的函数（最小二乘法）求解电阻与温度间满足的线性变化关系，并计算相关系数 r，如表 2-5 所示。

表 2-5 利用 Excel 求解经验公式

	A	B	C	D
1	t/℃	R/Ω	a=	10.09157
2	10.5	10.423	b=	0.030043
3	26.0	10.892	r=	0.999195
4	38.3	11.201		
5	51.0	11.586		
6	62.8	12.025		
7	75.5	12.344		
8	85.7	12.679		

1）把 t、R 数据按列对应输入 Excel 表格内，如把 t 输在第一列（A2:A8），R 输在第二列（B2:B8）。

2）在相邻两个空白格（如 C1、D1 格）内，分别输入说明和函数。如在 C1 中输入说明“a=”回车；在 D1 中输入函数“=intercept(B2:B8,A2:A8)”，其中 A2:A8、B2:B8 分别给出自变量、因变量的对应位置，按回车即显示 a=10. 09157。

3）在 C2、D2 空白格内分别输入说明“b=”和函数“=slope(B2:B8,A2:A8)”，回车后，显示 b=0.030043。

4）同样可在 C3、D3 空白格内分别输入“r=”和函数“=correl(B2:B8,A2:A8)”，回车后，显示 r=0.999195。

该结果与例 2-4 中用计算器计算的结果完全相同。由此可见，利用 Excel 拟合线性变化关系即输即得、便捷高效。

（3）利用 Excel 绘制图像

Excel 的图表功能为实验数据的作图、拟合直线或曲线、求拟合方程和相关系数的平方值的讨论带来很大方便。下面结合具体的例子来说明。

在稳态法测量物体导热系数的实验中，铜盘在空气中冷却，每隔 20s 测量一次铜盘的温度，得到数据为：50.0℃，49.0℃，48.0℃，47.0℃，46.0℃，45.0℃，44.0℃，43.0℃，42.0℃，41.0℃（见表 2-6）。通过 Excel 作图求解铜盘的冷却速率。

具体操作步骤如下。

表 2-6 利用 Excel 绘制图像

	A	B
1	t/s	T/℃
2	0	50.0
3	20	49.0
4	40	48.0
5	60	47.0
6	80	46.0
7	100	45.0
8	120	44.0
9	140	43.0
10	160	42.0
11	180	41.0

1）启动 Excel，在 A1、B1 单元格中分别输入各列的表示符号。

2）在 A2:A11，B2:B11 单元格区域输入实验数据。

3）选定表格数据区 A1:B11，在“插入”菜单中选中“图表”区域的“散点图”得到原始图。

4）对原始图进行修饰，步骤如下。

① 改变坐标轴的起始点。坐标轴的起始点根据实际情况选取（不一定从 0 开始），要使得图线尽量充满整张图纸。点击纵轴分度值选中纵坐标分度，点击鼠标右键选择设置坐标轴格式，在出现的选项中我们将纵坐标边界的最小值设置为比最小一组数据略小的整齐数，例如 40.0，如图 2-9 所示。

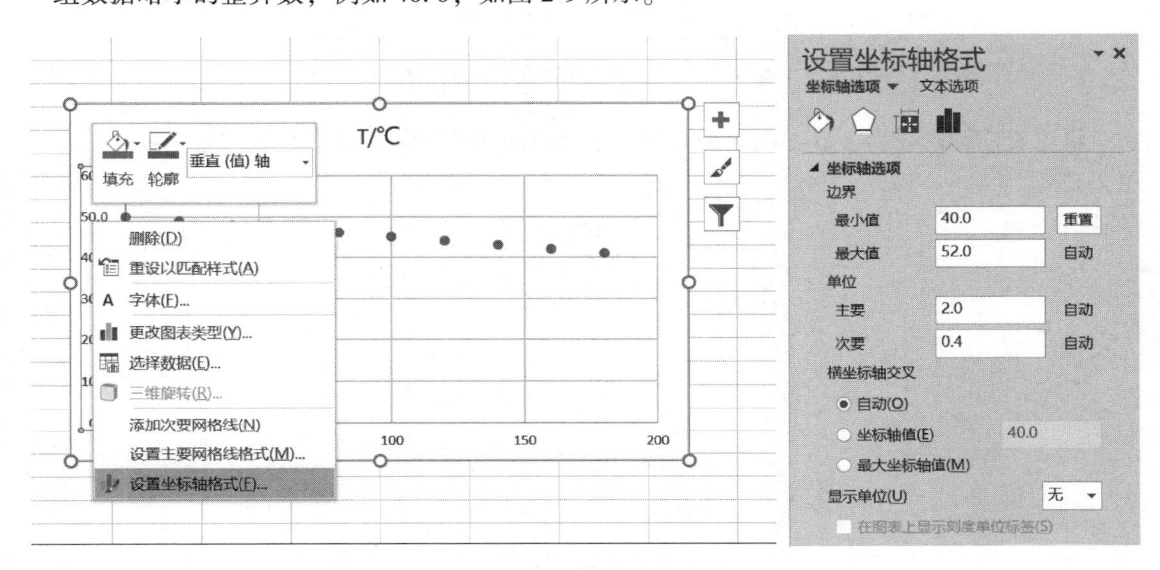

图 2-9 改变坐标轴的起始点

② 调整作图比例，即每格网格线显示的物理量大小。步骤同上，选中横坐标轴分度值，鼠标右键选择设置坐标轴格式，将横坐标轴选项中的主要网格线单位设置为 20，即每格代表 20s。此时的作图比例较为合适（见图 2-10）。

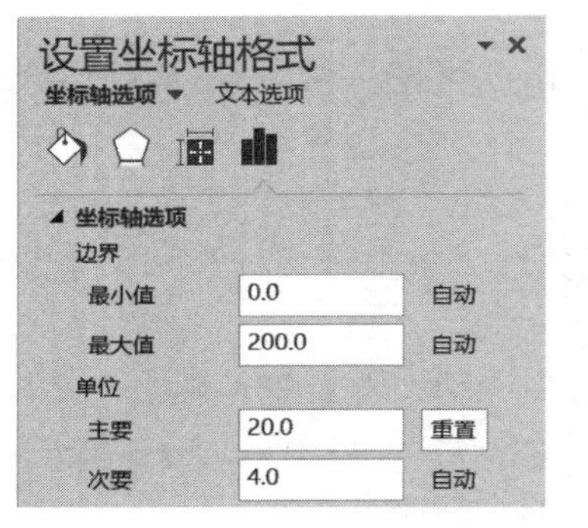

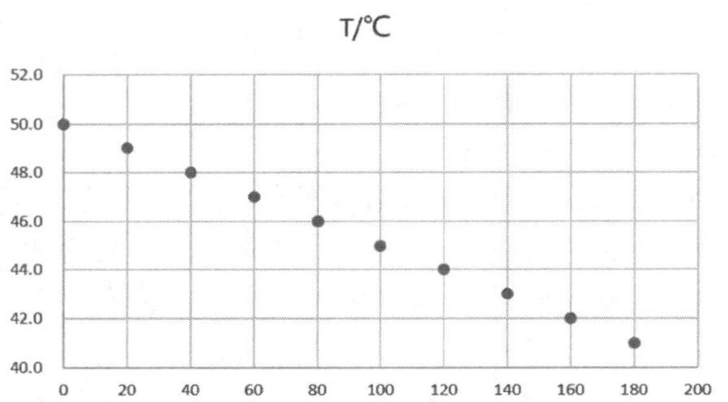

图 2-10　调整作图比例

③ 标注图名、比例及横纵坐标轴的物理量和单位。点击图表右上角出现的绿色加号，将图表标题及坐标轴标题选中，此时会出现默认的图表标题及坐标轴标题（见图 2-11）。

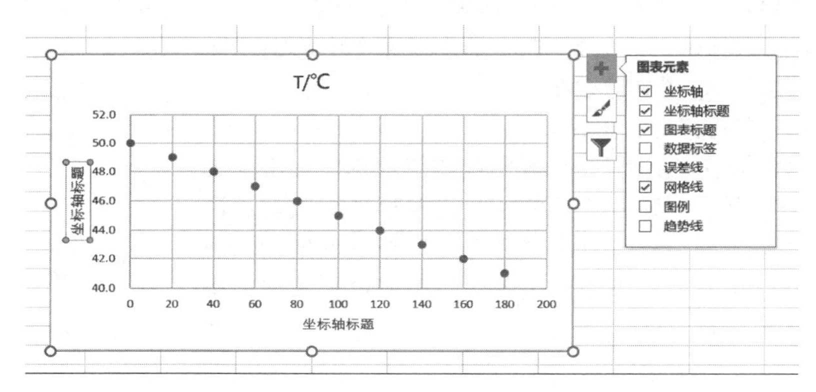

图 2-11　标注图名、比例及横纵坐标轴的物理量和单位

将图表标题修改为正确的图名及比例。将坐标轴标题修改为代表的物理量及单位（见图 2-12）。

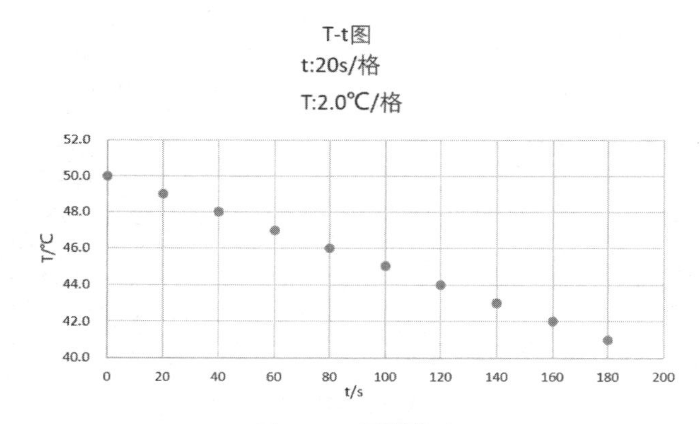

图 2-12　标题修改

④ 拟合数据求直线方程。点击任意一个数据点选中所有数据，点击鼠标右键选择添加趋势线。在右侧设置趋势线格式对话框中选择“线性”，并将下方“显示公式”选项选中。此时图中出现拟合直线，并显示直线方程（见图 2-13）。由于斜率等于−0.05，于是可以得到铜盘的冷却速率为 0.05℃/s。

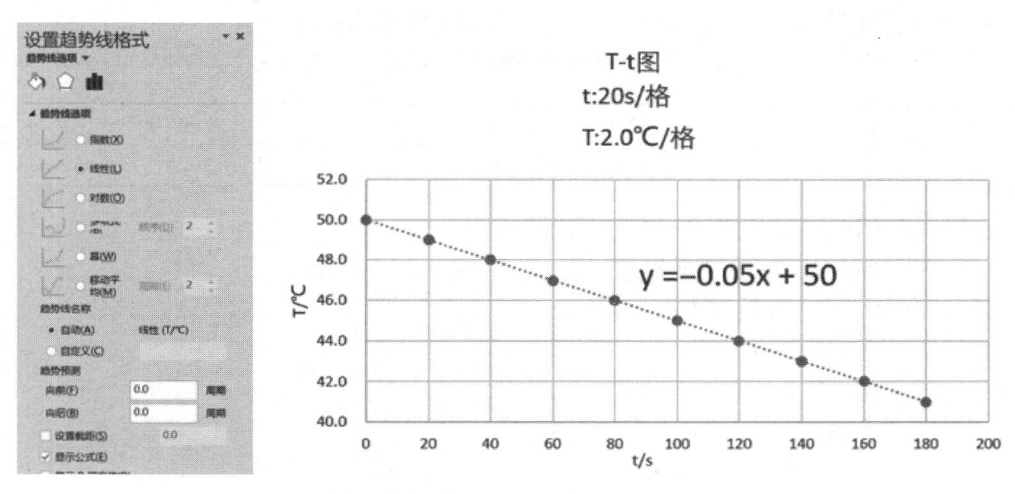

图 2-13　拟合数据求直线方程

当然，Excel 的功能远不止这些。有兴趣的同学可以通过软件使用手册或软件的“帮助文件”了解其更多的使用功能。

练　习　题

1. 试判断下列测量是直接测量还是间接测量？你还能举出哪些例子？

（1）用电流表测量通过电阻的电流；（2）用天平称物体质量；

（3）用伏安法测量电阻；（4）用单摆测量重力加速度。

2. 试比较下列测量的优劣。

（1）$x_1=(55.98\pm0.03)\,\text{mm}$；（2）$x_2=(0.488\pm0.004)\,\text{mm}$；

（3）$x_3=(0.0098\pm0.0012)\,\text{mm}$；（4）$x_4=(1.98\pm0.05)\,\text{mm}$。

3. 指出下列各数值的有效数字位数，并把它们取成三位有效数字。

（1）2.0350；（2）0.8355；（3）12.05；

（4）3.1416；（5）0.002005；（6）4.525。

4. 根据有效数字运算规则计算下列各题。

（1）$\dfrac{76.01\bar{3}}{40.0\bar{3}-2.\bar{0}}$　　（2）$\dfrac{50.0\bar{0}\times(18.3\bar{0}-16.\bar{3})}{(10\bar{3}-3.\bar{0})(1.0\bar{0}+0.00\bar{1})}$

（3）$\dfrac{2\bar{5}^2+493.\bar{0}}{\ln 406.\bar{0}}$　　（4）$\dfrac{\sin\frac{1}{2}(60^\circ\bar{2}'+51^\circ2\bar{0}')}{\sin 30^\circ\bar{1}'}$

5. 某长度的测量结果写成

$$L=(25.78\ \pm 0.05)\text{mm}(P=95\%)$$

下列叙述中哪个是正确的？

（1）待测长度的真值是25.73mm或25.83mm；

（2）待测长度的真值在25.73~25.83mm之间；

（3）待测长度的真值在25.73~25.83mm之间的概率为95%。

6. 用一钢板尺对一长度进行多次等精度测量，测量结果见下表：

次数 n	1	2	3	4	5	6
L/mm	10.2	9.8	10.5	9.9	10.1	9.8

若钢板尺的$\Delta_{仪}=0.5$mm，请写出测量结果的表达式。

7. 改正下列错误，写出正确答案。

（1）0.10860的有效数字为六位；

（2）$P=$（31690±300）kg；

（3）$d=$（10.8135±0.0176）cm；

（4）$E=$（$1.98\times10^{11}\pm3.27\times10^{9}$）N/m^2；

（5）$g=$（9.795±0.0036）m/s^2；

（6）$R=6371\text{km}=6371000\text{m}=637100000\text{cm}$。

8. 试推导下列间接测量的不确定度合成公式。

（1）$f=\dfrac{uv}{u+v}$；　（2）$f=\dfrac{D^2-L^2}{4D}$；　（3）$n=\dfrac{\sin\dfrac{1}{2}(\alpha+\delta)}{\sin\dfrac{\alpha}{2}}$。

9. 拉伸法测量金属丝弹性模量中，已知望远镜中看到的标尺的读数x与钢丝所受到的作用力F之间满足线性关系$F=kx$，式中的k是比例常数。实验中每个砝码的质量为1.00kg，实验数据如下表所示。

测量次数 i	1	2	3	4	5	6	7	8	9	10
砝码质量/kg	1.00	2.00	3.00	4.00	5.00	6.00	7.00	8.00	9.00	10.00
标尺读数 x_i/cm	15.95	16.55	17.18	17.80	18.40	19.02	19.63	20.22	20.84	21.47

试用逐差法计算砝码质量每变化1.00kg时标尺读数的平均变化量。

10. 一定质量的气体，当体积一定时压强与温度的关系为

$$p=p_0(1+\beta t)(\text{cmHg})$$

通过实验测得一组数据见下表：

i	1	2	3	4	5	6	7
t/℃	7.5	16.0	23.5	30.5	38.0	47.0	54.5
p/cmHg	73.8	76.6	77.8	80.2	82.0	84.4	86.6

分别用作图法和最小二乘法求p_0和β，写出经验公式，并比较两种数据处理方法的优劣。

第3章　物理实验预备知识

测量是物理实验的基础。我们通过合理地选用实验方法，恰当地选择测量仪器，正确地调整实验装置，对物理量进行定量测量来分析各物理量之间的关系，从而发现物理规律，验证物理理论。本章涉及物理实验基本测量方法、物理实验基本仪器、物理实验基本调整与操作技术等预备知识。这些预备知识是大学生实践能力培养的基础和出发点，也是大学生创新能力培养的基础和出发点。

3.1　物理实验基本测量方法

随着科学技术的发展，人类对物质世界的了解越来越深入，测量方法和手段也越来越丰富。本节介绍几种常见的基本测量方法，这些方法是物理实验的思想方法，而不是指具体的测量过程和方式。通过学习这些基本的实验方法，可以进一步指导我们合理地设计实验方案，恰当地选择测量手段，提高科学实验和研究的基本能力。

1. 比较法

(1) 直接比较法

直接比较法是将待测量与同类物理量的标准量具或标准仪器直接或间接地进行比较，测出其量值。例如，用米尺测量物体的长度就是最简单的直接比较测量。

(2) 间接比较法

有些物理量难于直接比较，需要通过某种关系将待测量与某种标准量进行间接比较，求出其大小。例如，用物质的热膨胀与温度之间的关系做成的水银温度计就是间接比较法。

(3) 补偿平衡比较法

平衡测量、补偿测量或示零测量是物理实验与科学研究中常用的测量方法。例如，用等臂天平称物体质量是一种平衡测量，而电位差计原理及应用实验利用了补偿测量法。

2. 放大法

一些微小物理量，由于量值太小，以至于无法被实验者或仪器直接感觉和反映。此时可设计相应的装置或采用某种方法将被测量放大，然后再进行测量。放大法包括累积放大法、光学放大法、电学放大法、机械放大法等。

(1) 累积放大法

在物理实验中，由于受到测量仪器精度的限制或者人为因素的限制，单次测量的误差很大或者无法测量出待测量的有用信息，若采用累积放大法来测量就可以减小测量误差获得有用的信息。例如用秒表测量单摆摆动周期，一般都是测量累计摆动 50 个或 100 个周期的时间。

(2) 机械放大法

机械放大法是最直观的一种放大方法，它是利用机械原理及相应的装置将待测量进行放大测量的方法。例如，螺旋测微器和读数显微镜都是利用螺旋放大法进行精密测量的，将与被测物关联的测量尺面与螺杆连在一起，螺杆尾端加上一个圆盘，称为鼓轮，其边缘等分刻成50格，鼓轮每转一圈，恰使测量尺面移动0.5mm，那么鼓轮每转动一小格，尺面移动了0.01mm。

(3) 光学放大法

光学放大法是将被测物体用助视仪器进行视角放大后再进行测量。光学放大法仪器有放大镜、望远镜、显微镜等。这类仪器只是在观察中放大视角，并不是实际尺寸的变化，所以不增加误差。许多精密仪器在读数装置上加一个视角放大装置以提高测量质量。

(4) 电学放大法

借助于电路或电子仪器将微弱的电信号放大后进行测量，就是电学放大法。电学放大法中有直流放大和交流放大，有单级放大和多级放大。如测量微弱电信号（电流、电压或功率）要用到电学放大法。用于将信号放大的装置称为放大器，三极管就是一种常用的放大器。

3. 转换测量法

转换测量法是根据物理量之间的定量函数关系和各种效应把不易测量的待测量转换成容易测量的物理量进行测量。转换测量法一般分成参量转换法和能量转换法两大类。

(1) 参量转换测量法

参量转换法是利用各物理量之间的函数关系进行的间接测量，例如伏安法测电阻、单摆法测重力加速度等。

(2) 能量转换测量法

能量转换测量法是指某种形式的物理量，通过能量变换器变成另一种形式物理量的测量方法。在物理实验中用的最多的是非电学量的电测技术，实现转换的主要部件是传感器（有时候也称换能器），常见的能量转换有如下几种。

1）光电转换　光电转换是利用光敏元件将光信号转换成电信号进行测量。例如“光电效应测量普朗克常量”实验中的光电二极管就是将光信号转换为电信号。

2）磁电转换　磁电转换是利用磁敏元件（或电磁感应元件）将磁学参量转换成电流、电压或电阻的测量。如利用霍尔元件的霍尔效应，可以将磁感应强度转换为电压、电流或其他电学量。

3）热电转换　热电转换是利用热敏元件（如半导体热敏元件、热电偶等），将温度的测量转换成电压或电阻的测量。例如，在测量不良导体导热系数实验中用温度传感器测量温度；在热敏电阻特性及应用实验中，热敏电阻可以将温度变化转换成电学量变化，来实现对温度的测量。

4）压电转换　压电转换是利用压敏元件或压敏材料（如压电陶瓷、石英晶体等）的压电效应将压力转换成电信号进行测量。反过来，也可以用某一特定频率的电信号去激励压敏材料使之产生共振来进行物理量的测量。

4. 模拟法

模拟法是指人们依据相似理论，人为制造一个类同于研究对象的物理现象或过程，用模型的测试替代对实际对象的测试。

在实际测量中，当研究对象非常庞大或非常微小（如巨大的原子能反应堆、航天飞机、物质的微观结构等），非常危险（如地震、火山爆发、发射原子弹或氢弹等），或者研究对象变化非常缓慢（如天体的演变、地球的进化等）时，可人为地制造一个类似于被研究的对象或运动过程中的模型来进行实验。

模拟法分为物理模拟和数学模拟两大类：

（1）物理模拟

人造的“模型”与实际“原型”有相似的物理过程和相似的几何形状，这种模拟即为物理模拟。例如，为了研究高速飞行器上各部位的受力，人们首先制造一个与原型几何形状相似的模型，并放入风洞，创造一个与实际空中飞行完全相似的物理过程，通过对模型各部件受力情况的测试，达到在短时间内以较小的代价获得可靠的实验数据的目的。

（2）数学模拟

模型和原型遵循相同的数学规律，而在物理实质上毫无共同之处，这种模拟方法称为数学模拟，如静电场用稳恒电流场来模拟。

随着计算机技术的高速发展和广泛应用，现在人们可以通过计算机模拟实验过程，从而可以预测实验的可能结果。这是一种新的模拟方法，属于计算物理研究的内容。

以上四种测量方法，在物理实验中应用较多。在测量过程中还会遇到其他测量方法，这里不再一一介绍。

3.2 物理实验基本仪器

物理实验需要定量研究物理量之间的关系。在实验方法确定后，必须选择恰当的仪器进行测量。了解常用仪器的性能，学会使用这些仪器是实验教学的基本要求之一。物理实验仪器的种类很多，涉及力学、热学、电磁学及光学等各种类型，本节列出的是一些最基本、最常用的仪器，其他仪器将在具体实验中介绍。

1. 力学基本仪器

力学中的三个基本物理量是长度、质量和时间，常用的仪器有游标卡尺、螺旋测微器（也称千分尺）、天平及秒表等

（1）游标卡尺

游标卡尺的结构如图 3-1 所示。由尺身（旧称主尺）和可以沿主尺滑动的游标构成，借助游标可以比较准确地对尺身最小刻度后的读数进行估计。游标卡尺的外测量爪用来测量厚度和外径，内测量爪用来测量内径，深度尺用来测量槽的深度，紧固螺钉用来固定游标位置。

测量原理是游标上 m 个分度格总长与尺身上（$m-1$）个分度格的长度相等。设尺身分度值为 a，游标分度值 b，则有 $mb=(m-1)a$。因此求得尺身与游标分度值之差 δ 为

$$\delta = a - b = \frac{a}{m}$$

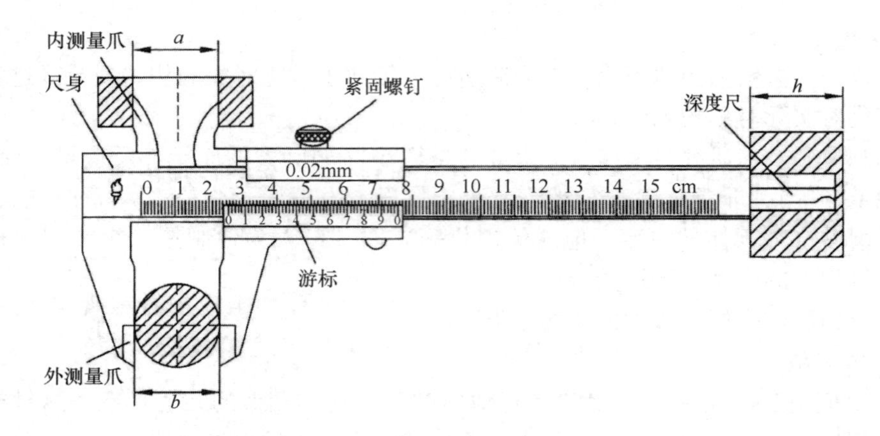

图 3-1 游标卡尺

δ 称为游标卡尺的精度，它是游标卡尺能读准的最小值，也就是游标卡尺的分度值。如图 3-2 所示，常用游标卡尺的游标分度格数包括为 10 格、20 格、50 格，分别称为 10 分度游标卡尺、20 分度游标卡尺、50 分度游标卡尺，相应的分度值 δ 分别为 0. 1mm、0. 05mm 和 0. 02mm。

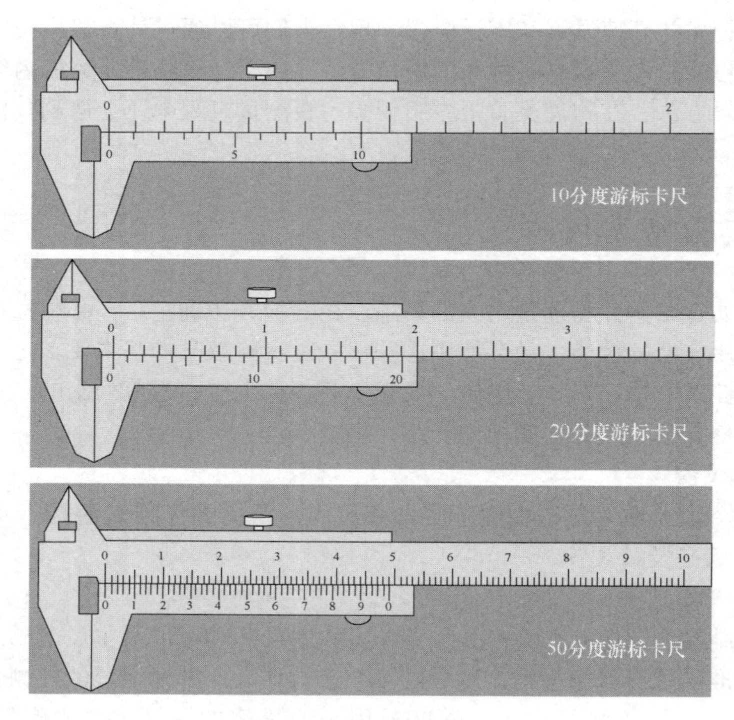

图 3-2 常用游标卡尺

游标卡尺的读数表示游标的零刻度线与尺身零刻度线之间的距离。现以分度值为 $\delta=$ 0. 02mm 的游标卡尺为例，如图 3-3 所示。读数时，根据游标零线所在位置，从尺身上读出以毫米为单位的整数值，毫米以下的部分利用游标估计。若游标上第 K 条线与尺身的某一条线重合，则游标部分读数为 $K\delta$，刻线重合条数须从第“零”条开始数起，如图 3-3

中第 17 条刻线对齐。图 3-3 中主尺读数为 6mm，游标读数为 0. 34mm，则整个读数应为 6. 34mm。

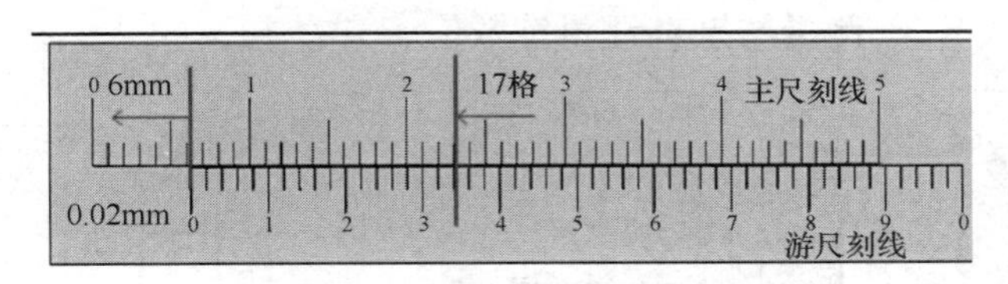

图 3-3　游标卡尺读数

（2）螺旋测微器

螺旋测微器也称千分尺，是比游标卡尺更精密的长度测量仪器。实验室常用的螺旋测微器如图 3-4 所示，它的主要结构是一个测微螺杆和与它配套的微分筒（活动套筒）。微分筒的圆周上刻有 50 分度，螺杆旋转一周，可沿轴线前进或后退一个螺距 0. 5mm，故套筒每转一个分度，螺杆移动距离为 0. 5mm/50 = 0. 01mm，即螺旋测微器的分度值为 0. 01mm。使用方法如下：

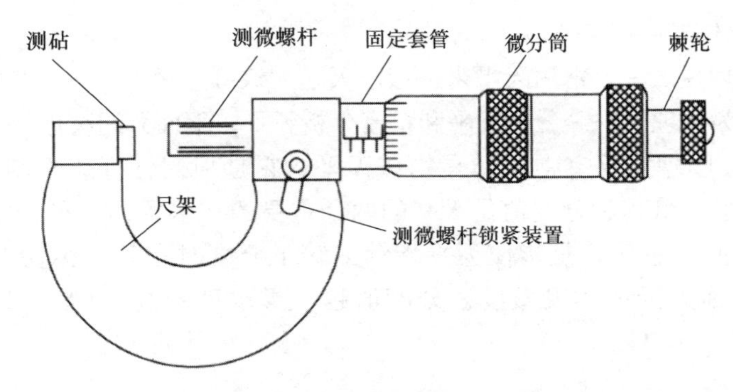

图 3-4　螺旋测微器

① 转动棘轮，使测微螺杆与测砧刚好接触，并听到“咯、咯、咯”三次响声，即停止转动棘轮，理想状态下微分筒锥面的端面应与固定套管上零刻线对齐，同时微分筒上的零线也应与固定套管上的水平准线对齐，这时的读数是 0. 000mm，如图 3-5a 所示。

② 测量物体时，应先将测微螺杆退开，把待测物体放在测量面之间，并靠近测砧，然后转动微分筒，当测微螺杆的测量面接近待测物体时，轻转棘轮直到听到“咯、咯”的声音后立即停止转动，此时测量的松紧程度刚好（过紧会使得测量值偏小，过松会使得测量值偏大）。在固定套管的标尺上和微分筒锥面上的读数就是待测物体的长度，如图 3-5b、c 所示，注意在固定套管水平准线上面的刻线表示 mm，下面的刻线表示 0. 5mm。读数时，应从标尺上读整数部分，再看 0. 5mm 刻线是否出现，从微分筒上读小数部分（估计到微分筒最小分度的 1/10），然后两者相加。例如，图 3-5b 中的读数是 5. 383mm；图 3-5c 中的读数是 5. 883mm。二者的差别就在于微分筒端面的位置，前者没有超过 5. 5mm，而后者超过了 5. 5mm。

③ 由于长时间的使用或由于操作者使用不当（经常旋转得过紧或者外旋时尺已经到头还继续旋转等），而使得零线与水平准线并不对齐，如图 3- 6a、b 所示，因此在测量前需要

对螺旋测微器的零位点进行修正。在图 3-6a 中零位初读数为 -0.011mm，在图 3-6b 中为 +0.017mm，注意它们的正、负号不同。修正的原则是

测量结果 = 测量读数值 - 零位初读数

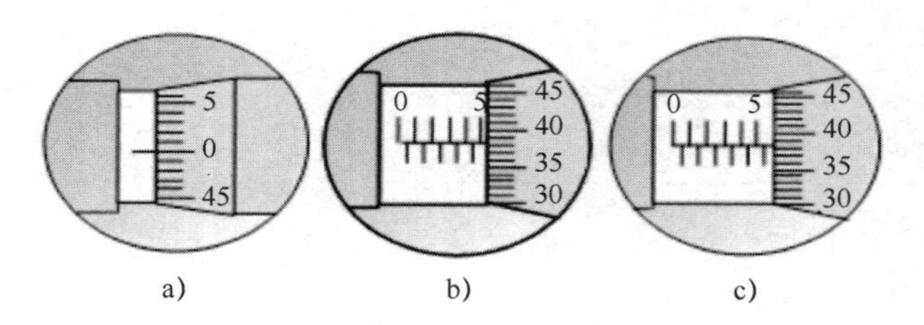

图 3-5　螺旋测微器的读数

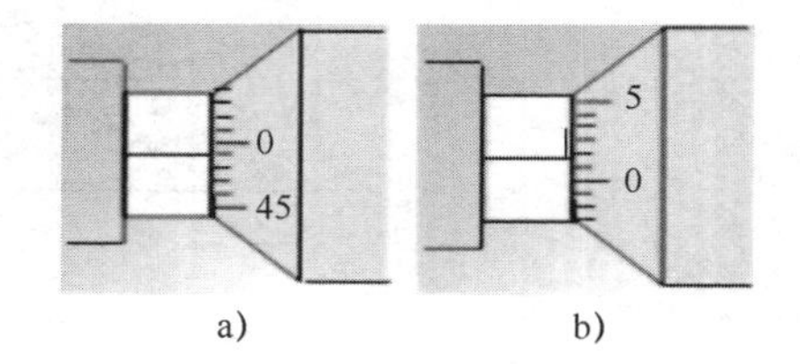

图 3-6　螺旋测微器的零点修正

另外还需注意，螺旋测微器用完后应使测微螺杆与测砧之间留有一定的间隙，避免热胀时损坏测量轴上的精密螺纹。

实验中还常用到光学测微目镜、读数显微镜等精密测长仪器，其读数刻度的设计原理与螺旋测微器相同，请读者参阅有关实验。

(3) 质量测量仪器——天平

质量是基本物理量之一，常用天平来称量。天平大致可分为机械天平和电子天平。机械天平按精度递增可分为物理天平、分析天平和精密分析天平。下面介绍物理天平和电子天平。

1) 物理天平　物理实验室常用的是物理天平。它是根据杠杆原理制成的仪器。图 3-7 为 TW-1 型物理天平。量程和分度值是天平的两个重要的技术指标。量程是指天平允许称衡的最大质量，分度值（感量）是指使天平指针偏转 1 分度时在某一称盘上所增加的砝码质量，分度值的倒数称为天平的灵敏度，分度值越小灵敏度越高。TW-1 型物理天平量程为 1000g，标称分度值为 0.1g。

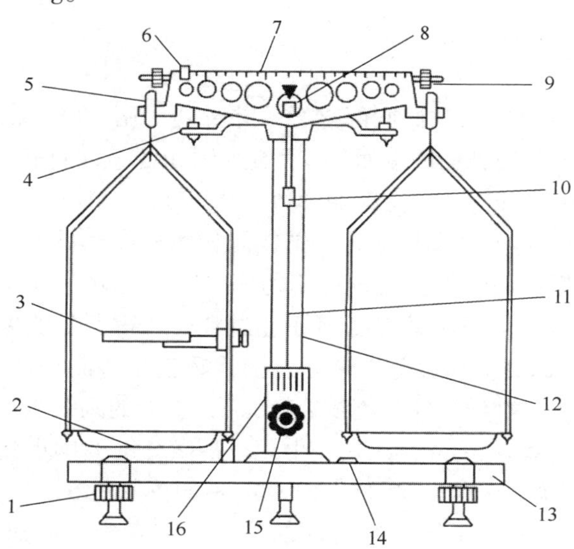

图 3-7　TW-1 型物理天平

1—水平螺钉　2—称盘　3—托架　4—支架　5—挂钩　6—游码　7—游码标尺　8—刀口、刀垫　9—平衡螺母　10—感量调节器　11—读数指针　12—立柱　13—底板　14—水准仪　15—起动旋钮　16—指针标尺

① 物理天平的结构。TW-1型为双盘悬挂等臂式天平。天平的横梁上装有三个刀口，中间刀口向下，它置于支柱顶端的玛瑙刀承上。两侧等臂刀口朝上，各悬挂一个称盘。指针固定于横梁上，当横梁摆动时，指针下端在指针标尺前摆动。转动起动旋钮时，横梁可上升或下降，当横梁降下后，支架上有两个支销托住横梁，使其处于制动位置，中间刀口与刀承分离，避免刀口磕碰磨损。横梁两端有平衡螺母，用于天平空载时调节平衡。横梁上有游码，用于2g以下的称量，立柱左边装有一个托架，用来托住不需称量的物体（如烧杯等）。

② 物理天平的称衡方法。常用称衡方法是单称法和复称法。

单称法：在天平上称量时，左盘放置待测物体，右盘放置砝码，直至最后利用游码使天平平衡，指针的停点与空载时的零点重合为止，此时待测物体的质量等于右盘中砝码的总质量加上游码所在处的刻度示值。

复称法：只有在天平两臂等长时，才能用单称法精确地称衡物体的质量。而事实上，一般天平的两臂总不是严格相等的。因此当天平平衡时，砝码的质量并不完全等于物体的质量。为了消除这种系统误差，可采用复称法。即将物体放在左盘时称得质量为 m_1，再将物体放在右盘时称得质量为 m_2，则物体质量

$$m = \sqrt{m_1 m_2}$$

③ 物理天平使用规则。

a. 称量前，应检查天平各部件安装是否正确。调节天平水平螺钉，使天平立柱铅直，并用水准仪检查。

b. 空载时调准零点，应将游码移到横梁左端的零刻度线上，支起横梁，观察指针是否停在“零位”或是否在“零位”两边对称摆动。如天平不平衡，应先制动横梁，再调节平衡螺母。

c. 取放砝码时必须用镊子，严禁用手。天平的起动和制动操作要平稳，在初称阶段不必全起动，只要已判断出哪边重，便立即制动横梁。取放物体、增减砝码和移动游码都应先使横梁处于制动状态。

d. 称衡完毕应立即制动横梁，并将砝码放回盒中，同时核对砝码数。

e. 天平和砝码都要预防锈蚀，不得直接称量高温物体、液体及有腐蚀性的化学药品。

f. 天平切忌过载。

2）电子天平　电子天平（见图3-8）的制作原理是用电磁力去平衡被称物体的重力。其特点是称量准确可靠、显示快速清晰并且具有自动检测系统、简便的自动校准装置以及超载保护等装置。电子天平在实验室应用越来越普遍，其测量的准确性、可靠性也就愈发重要。

其调节步骤如下：

① 调水平：天平开机前，应观察天平后部水平仪内的水泡是否位于圆环的中央，否则通过天平的地脚螺栓调节，左旋升高，右旋下降。

② 预热：天平在初次接通电源或长时间断电后开机时，至少需要30min的预热时间。

③ 称量：按下ON/OFF键，接通显示器，等待仪器自检。当显示器显示零时，自检过程结束，天平可进行称量；

图3-8　电子天平

按显示屏两侧的去皮键，待显示器显示零时，称量所要称量的物品。

④ 称量完毕，按 ON/OFF 键，关断显示器。

2. 电磁学基本仪器

电磁学实验常要用到各种电源、电表、电阻等，简要介绍如下。

(1) 电源

电源分为交流和直流两类。

1) 交流电源　一般电路中以符号“AC”或“~”表示，实验室中常用的是 220V、50Hz 的市电。欲获得 0~250V 连续可调的电压，常用调压变压器，如图 3-9 所示。从①、②两接线柱输入 220V 交流电，转动手柄 A，从③、④两接线柱可输出 0~250V 连续可调的交流电。调压变压器的主要指标有额定功率（用 kW 表示）和额定电流。

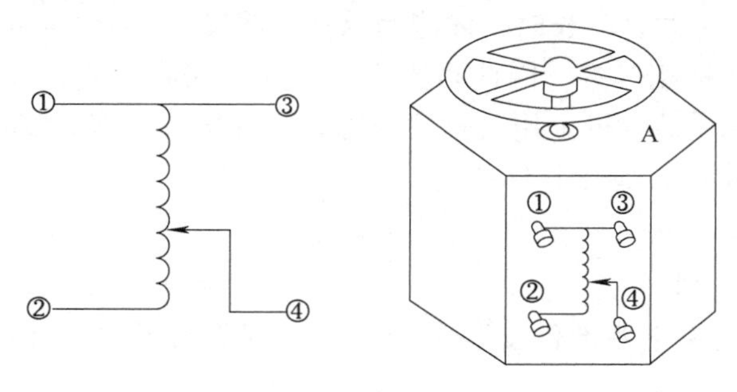

图 3-9　调压变压器

2) 直流电源　直流电源是将交流电转变为直流电的装置，一般电路中以符号“DC”或“—”表示，其输出电压基本上不随交流电源电压的波动和负载电流的变化而有所起伏，内阻也较小。一般稳压电源都能提供从零开始连续可调的直流电压，使用前应先选择“电压量程”开关，再调节“电压输出”旋钮，检查电压是否满足要求，然后才可使用。

选择电源时除了应注意其输出电压能否符合需要外，必须注意电流不得超过它的额定电流值，否则会损坏电源，甚至出现事故。使用电源时特别要防止短路。

在耗电较少的实验中，有时也用干电池作为直流电源。

(2) 电表

1) 指针式电表　测量电磁量的仪表很多，其中大部分表面以指针指示的电表都是磁电式仪表，其工作原理是以永久磁铁间隙中磁场与载流动圈相互作用为基础的，如图 3-10 所示。线圈 4 置于永久磁铁和铁心之间所形成的固定磁场中，整个线圈由轴承系统支撑，可绕其轴线转动。线圈的端部分别与一对相反放置的螺线状游丝 6 相连，是用来产生反抗力矩的，同时也起着把电流引向线圈的作用。线圈轴的外端装有指针 5，从有分度的刻度盘上可以看出它的偏转程度。当有电流 I 通过转动线圈时，线圈在磁力矩的作用下发生转动，其偏转角 θ 为

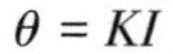

$$\theta = KI$$

偏转角 θ 与流经线圈的电流 I 成正比，比例系数 K 仅

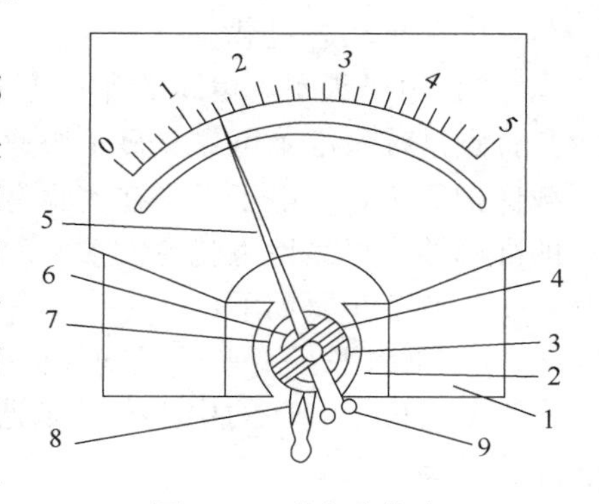

图 3-10　磁电式仪表

1—永久磁铁　2—极掌　3—圆柱形铁心
4—线圈　5—指针　6—游丝　7—半轴
8—调零螺杆　9—平衡锤

由仪表的内部结构常数决定。

直流电流表：磁电式测量机构（亦称磁电式表头）所能允许流入的电流是有限的。直流电流表按其所测电流的大小分为微安表、毫安表和安培表。

直流电压表：将表头与一电阻串联后即成为电压表。按所测电压的大小分为毫伏表、伏特表和千伏特表。当串联不同电阻时就可以得到不同量程的电压表。一般电流表和电压表都是设计成多量程的。

检流计：检流计可供电桥、电位差计等作为电流指零仪或测量小电流及小电压用。检流计的灵敏度很高，如 AC5/2 型的分度值小于 2×10^{-6}A/格。

电表使用方法及注意事项：

① 注意正确连接。电流表必须串联在电路中，电压表则应与待测电压的电路并联。

② 注意电表的极性。使用直流电表必须注意电表的正负极，接线柱标有“+”“-”极性，“+”应接电路的高电位端，“-”应接低电位端，切不可把极性接错，以免损坏电表。

③ 选择合适的量程。量程太小，过大的电流或电压会将电表损坏。量程过大，指针偏转量太小，读数不准确，测量误差大。一般测量时应尽可能使指针偏转量≥2/3 量程。如事先不知待测量大小，应先选用大量程，再根据量值大小选择合适的量程。

④ 注意电表的安放状态。如表面上有“⊥”符号，表示使表面垂直安放；符号“┌┐”表示水平安放；符号“∠60°”表示表面位置与水平位置倾斜 60°安放。否则电表的指示值会不准确。

⑤ 注意避免读数视差。

⑥ 注意读出有效数字。电表的仪器误差

$$\Delta_{仪} = \pm 量程 \times 准确度等级\ a\%$$

读数时应读到有误差的一位上。如 0.5 级、量程 150mA 的电流表，其仪器误差

$$\Delta_{仪} = \pm 150\text{mA} \times 0.5\% = \pm 0.8\text{mA}$$

即读数时应读到小数点后面的一位。

直流电表的主要规格是量程、准确度等级和内阻。常用电表的符号、名称及用途参见表 3-1。

表 3-1　常用电表的符号、名称及用途

符　号	名　称	用　途
A	安培表	测量电流强度的安培数
mA	毫安表	测量电流强度的毫安数
μA	微安表	测量电流强度的微安数
G	检流计	测量微弱电流强度或检查线路中有无电流通过
V	伏特表	测量电压的伏特数
mV	毫伏表	测量电压的毫伏数
kV	千伏表	测量电压的千伏数
Ω	欧姆表	测量直流电阻
MΩ	兆欧表	测量直流大电阻

（续）

符　号	名　称	用　途
∩	磁电式仪表	
—或 DC	直流电	适用于直流电
~或 AC	交流电	适用于交流电
~	交直流两用	适用于直流电和交流电
1.5	准确度等级	测量值的最大基本误差为±量程×1.5%
⌐ ¬—或→	表面放置方位	表面水平放置
⊥或↑	表面放置方位	表面竖直放置
∠60°	表面放置方位	表面与水平方向成 60°角放置
☆	绝缘强度	电表绝缘强度试验电压为 500V
‖	防外磁场	‖级防外磁场

2）数字式仪表　将被测对象做离散化数据处理后，以数字形式显示测量结果的仪表称为数字式仪表，如数字式频率计、数字式电压表等。数字式电压表具有输入阻抗高（10^7~$10^8\Omega$）、准确度高、测量速度快及读度清晰、消除视差等优点，配以各种变换器或传感器，便可形成一系列数字式仪表，测量电流、电阻、电容、电感、温度、压力等。

数字式仪表显示位数一般为 3~8 位，具体有 3 位、$3\frac{1}{2}$位、$3\frac{2}{3}$位、$3\frac{3}{4}$位、$5\frac{1}{2}$位、$6\frac{1}{2}$位、$7\frac{1}{2}$位、$8\frac{1}{2}$位共 8 种，按以下原则定义：①整数值表示能够显示 0~9 这 10 个字符的位的个数；②分数值的分子是最大显示值的最高位数字，分母为满度值的最高位的数字。如最大显示值为 1999，满度值为 2000 的数字式仪表是 $3\frac{1}{2}$位，其最高位只能显示 0 或 1。

数字电压表用准确度表示测量结果中系统误差和随机误差的综合，表示为

$$\Delta = \pm(a\%U_x + b\%U_m)$$

式中，a 为误差的相对项系数，b 为误差的固定项系数，a、b 见产品说明书；U_x 为测量读数值；U_m 为满度（量程）。

（3）滑线变阻器

滑线变阻器常用来改变电路中的电流或电压，它的结构如图 3-11 所示。其主要部分为密绕在瓷管上的粗细均匀的金属电阻丝。电阻丝的两端固定在接线柱 A、B 上，滑动头 C 与电阻丝紧密接触，滑动时能改变引出电阻值的大小。

滑线变阻器规格主要指：①全电阻值，即 A、B 间电阻；②额定电流，即允许通过的最大电流。滑线变阻器在电路中主要有两种用法：

1）限流器　将滑线电阻接成图 3-12a 所示的电路，即构成限流器，可用来改变电路中电流的大小。在接通电路前应将 C 滑至 B 端，使 R_{AC} 最大，此时接通电源，电路中电流最小。

2）分压器　如图 3-12b 所示，用来改变电路中电压的大小，输出电压 U_{AC} 可在 0~U_{AB} 内连续可调。应注意，接通电源前，应将滑动头 C 移至 A 处，这样接通电源后，$U_{AC}=0$。

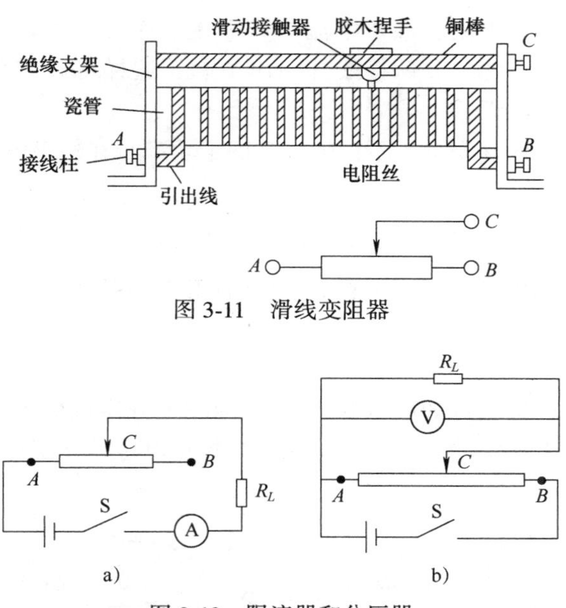

图 3-11　滑线变阻器

图 3-12　限流器和分压器

(4) 电阻箱

电阻箱是由若干个数值准确的固定电阻元件（用高稳定锰铜合金丝绕制）组合而成，通过转盘位置的变换可以获得 0.1~99999.9Ω 的各电阻值，如图 3-13 所示。

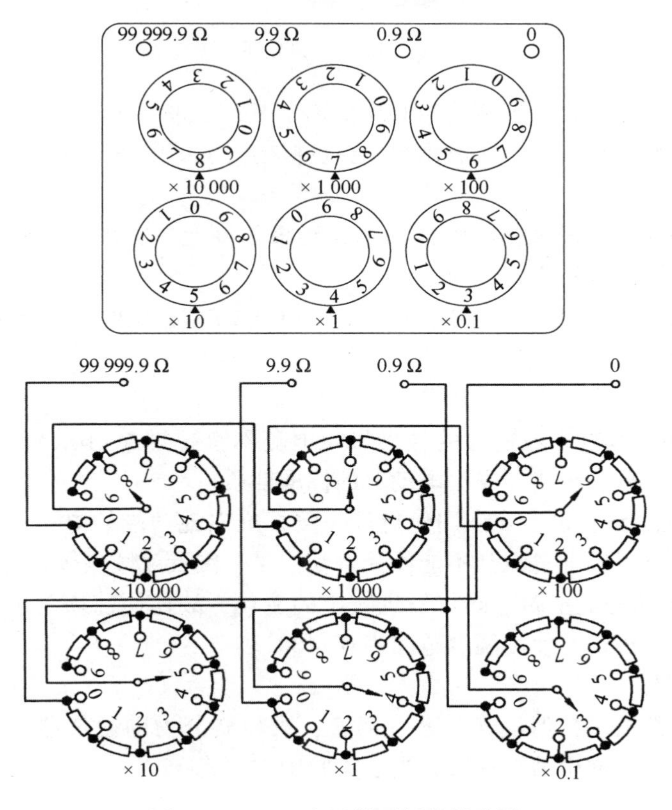

图 3-13　ZX21 电阻箱面板和线路图

电阻箱的主要规格是总电阻、额定电流（或额定功率）和准确度等级。若电路中仅需“0~9.9Ω”，则由“0”与“9.9”两接线柱引出电阻，这样可以避免电阻箱其余部分的接触电阻、导线电阻所带来的误差。

使用电阻箱时，为确保其安全，不得超过其额定功率。在额定电流范围内，电阻箱的仪器误差为

$$\Delta_{仪} = \sum a_i\% R_i + 0.002m(\Omega)$$

式中，a_i 为各电阻盘的准确度等级；R_i 为经调节后电阻箱各转盘的电阻值；m 是接入电路的转盘数。

（5）标准电池

标准电池的外形和内部结构如图 3-14 所示，国际上规定以标准电池的电动势作为电动势的国际标准。在电位差计实验中，标准电池作为校正电位差计工作电流用。

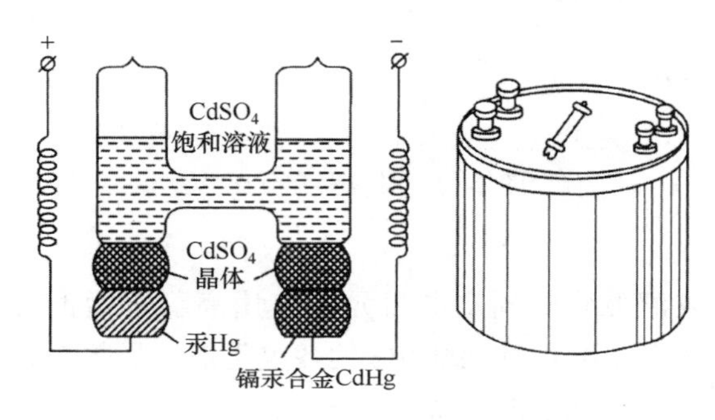

图 3-14　标准电池

标准电池用纯汞作阳极，镉汞齐（Cd12.5%，Hg87.5%）作阴极，用硫酸镉（$CdSO_4$）的饱和溶液作电解液，硫酸汞作去极化剂，正负极上沉有硫酸镉晶体以保持管内硫酸镉溶液的饱和状态。

在正常使用条件下，镉汞标准电池的电动势极为稳定，它虽与温度有关，但温度系数小，而且有确定的规律可供修正，即

$$E_t = E_{20}[1 - 4\times10^{-5}(t-20) - 9\times10^{-7}(t-20)^2]\ (\mathrm{V})$$

式中，$E_{20}=1.01860\mathrm{V}$；t 以℃为单位。

使用标准电池，必须注意以下几点：

① 使用过程中，其输出或输入的最大瞬时电流不宜超过 5~10μA，否则电极上发生的化学反应将改变其成分和组成，失去电动势的标准性质。

② 不能使电池短路，也不允许用伏特计去测标准电池两端的电压，更不能将它作为电源使用。在任何时候，标准电池都不能经受振动摇晃、倒置或倾侧等。

③ 标准电池电动势随室温不同将发生较小的变化，故使用前须测出环境温度，利用修正公式进行电动势的校正。使用温度范围为 0~40℃。

3. 光学基本仪器

光学仪器的种类很多，但就光学系统而言，可粗略分为助视仪器、投影仪器和分光仪器。下面简要介绍一些常用助视仪器和光学实验中常用光源。

（1）观测望远镜

望远镜一般用来观察远距离物体或者用作测量和对准的工具（如经纬仪、测角器等）。它由长焦距的物镜和短焦距的目镜组成，其物镜像方焦点 F_1 与目镜的物方焦点 F_2 重合在一起，并且在它们的共同焦平面 A_1B_1 上安装叉丝或分划板，以供观察或读数时当基准用，其光路如图 3-15 所示。望远镜的筒长约为物镜和目镜焦距之和。物镜的作用在于使远处的物体在其焦平面外侧形成一个缩小而倒立的实像 A_1B_1，眼睛通过目镜去观察这个由物镜形成的像应是一个放大而倒立的虚像 A_2B_2。望远镜的放大倍数 M 为

$$M=\frac{f_{物}}{f_{目}}$$

调整望远镜一般应按如下步骤进行：

① 使望远镜光轴对准被观测的物体，被测物体上应适当照明。

② 望远镜目镜对叉丝调焦，即改变目镜与叉丝之间的距离，使在目镜视场中能清晰地看到叉丝。

③ 望远镜对物体调焦，即改变目镜与物镜之间的距离，使在目镜视场中能看清被观测物体，且与叉丝无视差。

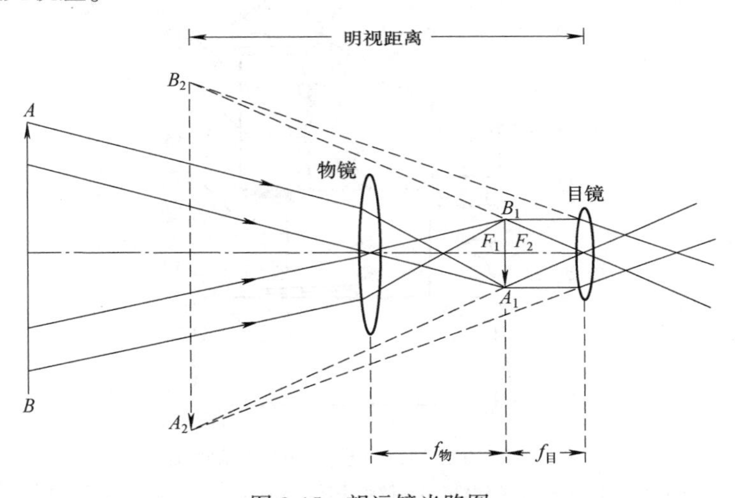

图 3-15　望远镜光路图

（2）测量显微镜（读数显微镜）

与望远镜相反，显微镜是用来观察近而细微的物体，也是由物镜和目镜组成。如图 3-16 所示，将微小物体 AB 放在物镜焦点 F_1 之外很近的距离处，这样可使物镜所成的实像 A_1B_1 尽量大。该实像落在目镜焦点 F_2 内靠近焦平面处，经目镜放大后在明视距离处形成一放大的虚像 A_2B_2。显微镜的放大倍数 M 为

$$M=\frac{Sd}{f_{物}f_{目}}$$

式中，$S=25\text{cm}$ 为正常眼睛的明视距离；d 是物镜后焦点 F_1 到目镜前焦点 F_2 之间的距离。

实验室中经常使用 JCD 型读数显微镜测量微小长度，其构造示意图如图 3-17 所示。转动测微鼓轮，显微镜筒可在水平方向左右移动，其位置从标尺及鼓轮上读出。目镜中装有一

个十字叉丝，作为读数时对准被测物体的标线。测量步骤如下：

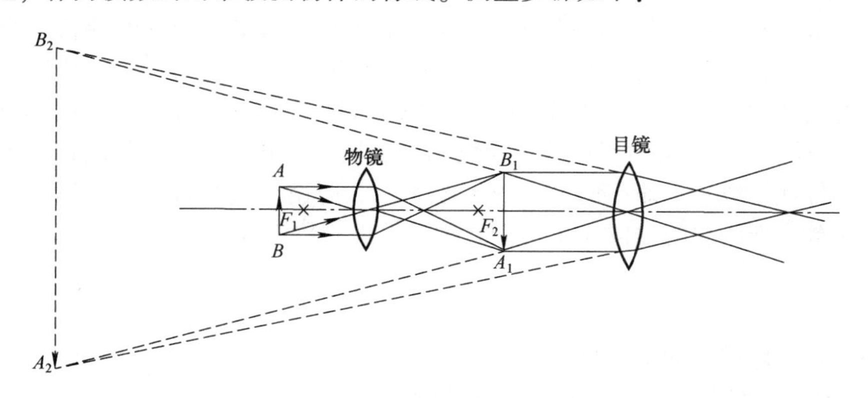

图 3-16　测量显微镜光路图

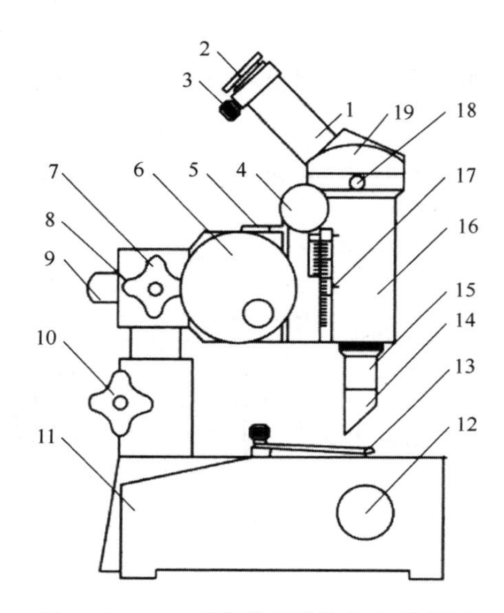

图 3-17　JCD 型读数显微镜构造示意图

1—目镜接筒　2—目镜　3、18—锁紧螺钉　4—调焦手轮　5—表尺　6—测微鼓轮　7、10—锁紧手轮　8—接头轴　9—方轴　11—底座　12—反光镜旋轮　13—压片　14—半反镜组　15—物镜组　16—镜筒　17—刻尺　19—棱镜室

① 照明。利用直射光或反射镜透射光，充分均匀地照亮台面玻璃上的待测物。

② 对准。移动被测物或显微镜轴的位置，使显微镜的光轴大致对准被观测物。

③ 调焦。先使目镜对叉丝调焦，然后，自下而上地改变被测物与物镜之间的距离，使被测物通过物镜所成的像恰好位于叉丝平面内，此时目镜视场中可同时清晰无视差地看到叉丝和物体像。

④ 测量。利用显微镜筒的位移装置，使叉丝精确对准被测物上的测试点，然后从测量主尺和测微鼓轮上读出镜筒所在的位置示数。主尺只读到 mm 为止，测微鼓轮一周分成 100 等分，每转一圈主尺变化 1mm，所以鼓轮每一分度对应 0.01mm，再估计一位，最后读到 0.001mm。由于测微装置的螺纹之间存在空隙，故在移动镜筒时，必须始终沿同一方向转动

测微鼓轮，不得反复进退。

（3）钠灯和汞灯

钠灯和汞灯都是以金属（Na 或 Hg）蒸气在强电场中发生游离放电现象为基础的弧光放电灯。在额定电压（220V）下，钠光灯管壁温度升至约 260℃时，管内钠蒸气压约为 $3\times101325\times10^{-3}/760$Pa，发出波长为 589.0nm 和 589.6nm 两种单色黄光，具体应用时，由于这两种单色黄光波长较接近，一般不易区分，故常以它们的平均值 589.3nm 作为钠灯黄光的波长值。

汞灯有低压汞灯与高压汞灯之分，实验室中常用低压汞灯，其外形及使用与钠灯相同。低压汞灯正常点燃时发出青紫色光，主要包括五种单色光，它们的波长分别是：579.1nm（黄光），577.0nm（黄光），546.1nm（绿光），435.8nm（蓝光）及 404.7nm（紫光）。若在光路中配以不同的滤色片，则可获得纯度较高的单色光。

钠灯、汞灯的外形结构和电路如图 3-18a、b 所示。电路中的镇流器在触发灯管点燃后起限制电流的作用，保护灯管不被烧坏。为此，使用此类气体放电灯时，必须在电路中串联符合灯管参数要求的镇流器，才能接到交流市电上去，否则灯管烧坏可能会导致危险事故的发生！灯管点燃后，一般要等 10min 发光才趋稳定。灯管熄灭后，若要再次点燃，则必须等灯管冷却后才行。

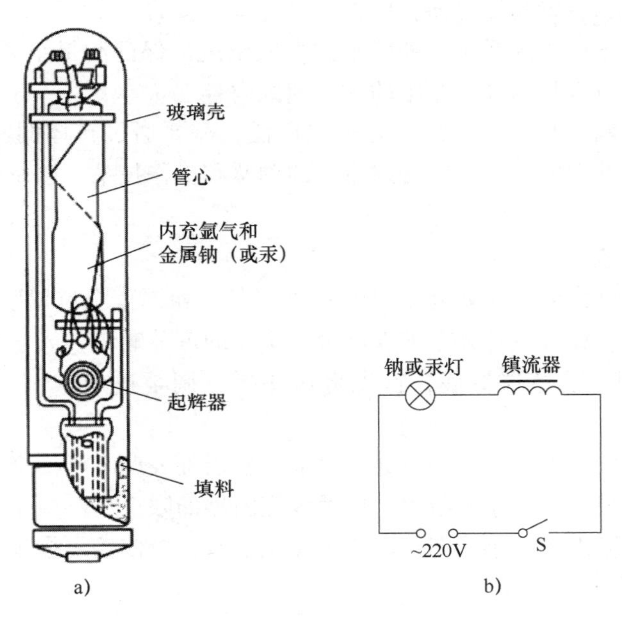

图 3-18　钠灯、汞灯外形结构及电路图

（4）He-Ne 激光器

He-Ne 激光器是一种具有单色性好、亮度高和方向性好的新型光源，它能输出波长为 632.8nm 的红色圆偏振光，输出功率为几毫瓦到几十毫瓦。

激光管（见图 3-19）的两端是由多层介质膜片组成的光学谐振腔，它是激光器的重要部分，必须保持清洁，防止灰尘和油污的污染。由于激光管两端加有高压（1200～8000V），操作时应严防触电，以免造成事故。

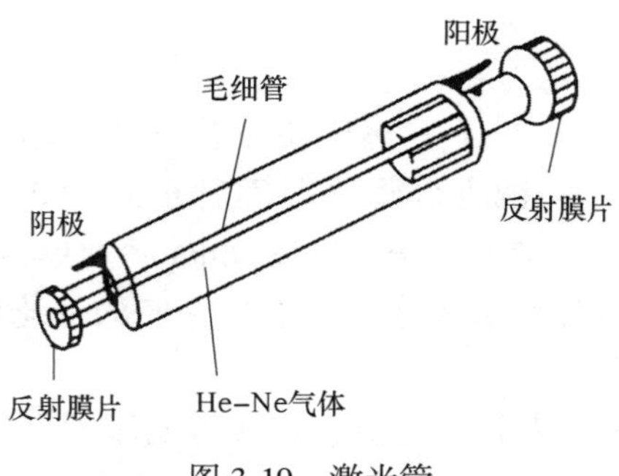

图 3-19　激光管

由激光管射出的激光束能量集中，切勿迎着光束直接观看激光，否则将造成人眼视网膜的永久性损伤。在光学实验中，可以利用各种光学元件对激光束进行分束、扩束或准直等以满足实验的不同要求。

3.3　物理实验基本调整与操作技术

使用仪器、仪表和装置测量之前，应首先对这些设备的工作状态进行调整，以达到最佳状态，这样才能将设备产生的系统误差减小到最低限度，保证测量结果的准确性和有效性。因此基本调整和操作技术是物理实验中的重要训练内容。

有关仪器设备的调整和操作技术内容相当广泛，需要通过具体的实验训练逐步积累起来。这里介绍一些最基本的具有一定普遍意义的调整和操作技术，以及电学实验、光学实验的基本操作规程。

1. 仪器的初始状态

许多仪器在正式操作前，需要处于正确的“初态”和“安全位置”，以便保证实验顺利进行和仪器使用安全。如迈克耳孙干涉仪动镜和定镜的调节螺钉、光学测角仪中望远镜的俯仰调节螺钉等，在调节这些仪器前，首先将这些螺钉调至适中状态，使其具有足够的调整量。

电学实验中则需要考虑安全问题。通电之前，各器件要调节到安全位置。例如在未通电之前，应使电源处于最小电压输出位置，使滑线变阻器的限流电路处于电流最小的状态，或者分压电路处于电压输出的最小状态；电路平衡调节时，应使接入指零仪器的保护电阻处于阻值最大的状态。

2. 零位调整

在测量之前应先检查各仪器的零位是否正确，虽然仪器在出厂时都已校正，但由于搬运、环境的变化或经常使用而引起磨损等原因，它们的零位往往已经发生了变化。因此在实验前总需要检查和校准仪器的零位，否则将人为地引入误差。

零位校准的方法一般有两种。一种是测量仪器有零位校正器的，如电流表、电压表等，则应调整校正器，使仪器测量前指针处于零位；另一种是仪器不能进行零位校正或调整较困难的，如端面磨损的米尺、螺旋测微器、游标卡尺等，则在测量前应记下初读数，即“零位读数”，以便在测量结果中加以修正。

3. 水平、铅直调整

多数仪器都要求在“水平”或“铅直”条件下工作。例如平台的水平和支柱的竖直，这种调整可借助水准器和重锤。几乎所有需要调节水平或铅直状态的仪器都在底座上装有三个螺钉，其中两个是可以调节的，通过调节可调螺钉可把仪器调到水平或竖直状态。

4. 等高共轴调整

由两个或两个以上的光学元件组成的实验系统中，为获得高质量的图像，满足近轴成像条件，必须使各个光学元件主光轴相互重合。为此，要对各光学元件进行共轴调整。共轴调节一般分粗调和细调两步进行。

目测粗调，将各光学元件和光源的中心大致调成等高，并且各元件所在平面基本上相互平行且与移动方向铅直。若各元件沿水平轨道滑动，可先将它们靠拢，再调等高共轴，可减小视觉判断的误差。

细调时，可利用自准直法、二次成像法（共轭法）等，也可利用光学系统本身或借助其他光学仪器进行调整。

5. 消除视差的调整

使用仪器测量读取数据时，会遇到读数准线（例如电表的指针、光学仪器中的十字叉丝等）与标尺平面不重合的情况，当观察者的眼睛在不同位置读数时，读得的示值就会有差异，这就是视差。

怎样判断有无视差？方法是在调整仪器或读取示值时，观察者眼睛上下或左右稍稍一动，观察标线和标尺刻线间是否有相对移动，若有移动说明有视差。

要避免视差的出现，应做到读数时视线垂直于观测仪器面板。通常精度较高的电表在面板上装有平面镜，读数时只有垂直正视，指针和其平面镜中的像重合时，读出的示值才是无视差的正确数值。

6. 消除空程误差

许多仪器（如测微目镜、读数显微镜等）的读数装置由丝杠-螺母的螺旋结构组成，由于两者之间有螺纹间隙，在刚开始测量和开始反向测量时，丝杠需转过一定的角度才能与螺母啮合，与丝杠连在一起的鼓轮已有读数变化，而由螺母带动的部件尚未产生位移，由此引起的虚假读数称为空程误差。为了消除这一误差，使用这类仪器时必须待丝杠-螺母完全啮合以后才能进行测量，且在测量过程中必须沿同一方向行进移动，切勿反转。

7. 逐次逼近法

仪器的调整需要经过仔细、反复的调节，依据一定的判据，由粗及细逐渐缩小调整范围，快捷而有效地获得所需状态的方法，称为逐次逼近法。特别是运用零示法的实验或零示仪器，如天平测质量、电桥测电阻、电位差计测电压或电动势等实验。方法是：首先估计待测量的值，然后选择仪器相应的量程，根据偏离情况渐次缩小测量范围，达到所需效果。

8. 先定性、后定量原则

实验时应采用“先定性、后定量”的原则，即在定量测量前，先对实验变化的全过程进行定性观察，了解一下实验数据的变化规律，再着手进行定量测量。对数据无明显变化的范围，可增大测量的间距以减少测量点，反之，对变化大的应多测几个点。用作图法处理实验数据时，需根据图上数据点来拟合图线，尤其在拟合曲线时，往往需要更多的数据点。

9. 电学实验的操作规程

电学实验需要用到电源、电器仪表、电子仪器等，实验中既要完成测试任务，又要注意人身安全和仪器安全，为此应注意以下几点。

（1）安全用电

电学实验使用的电源通常是220V的交流电和0~30V直流电，但有时实验使用的电压较高。一般人体接触36V以上电压时就有危险，所以在电学实验过程中要特别注意人身安全，谨防触电事故发生。实验者应做到：

① 接、拆线路，必须在断电情况下进行。

② 操作时，人体不能触摸仪器的高压带电部位。

③ 高压部位的接线柱或导线，一般要用红色标记，以示危险。

（2）要正确接线、合理布局

看清和分析电路图中共有几个回路，一般从电源的正极开始，按从高电势到低电势的顺序接线。如果有支路，则应把第一个回路完全接好后，再接另一个回路，切忌乱接。

仪器布局要合理，要将需要经常控制、调节和读数的仪器置于操作者面前，开关一定要放在最易操纵的地方。

（3）要检查线路

电路接完后，要仔细检查，确保无误后，经教师复查同意，方能接通电源进行实验。合上电源开关时，要密切注意各仪表是否正常工作，若有反常应立即切断电源，排除故障，并报告指导教师。

（4）实验完毕要整理仪器

实验完毕，实验结果经教师检查认可后，先切断电源，再拆除线路，并把各仪器恢复到原来的状态，器件按要求放置整齐。

10. 光学实验的操作规则

光学仪器通常比较精密、贵重、易损，调试要求严格，因此在实验前应当充分预习；在实验中正确操作仪器，仔细观察，分析仪器调整过程中出现的各种现象。

为了防止光学仪器出现故障或损坏，在使用和维护光学仪器时必须遵守下列规则：

（1）注意保护光学器件

光学实验是“清洁的实验”，对光学仪器和元件，应注意防尘，保持干燥以防发霉，不能用手或其他硬物碰、擦光学元件的抛光表面，也不能对着它呼气。必要时可用擦镜纸或蘸有酒精或乙醚溶液的脱脂棉轻轻擦拭。光学器件必须轻拿轻放，严防跌落。

（2）对机械部分操作要轻、稳

光学仪器的机械可动部分很精密，操作时动作要轻，用力要均匀平稳，不得强行扭动，也不要超过其行程范围，否则将会大大降低其精度。

（3）注意眼睛安全

一方面要了解光学仪器的性能，以保证正确、安全使用仪器。另一方面光学实验中用眼的机会很多，因此要注意对眼睛的保护，不要使其过分疲劳。特别是对激光光源，绝对不允许用眼睛直接观察激光束，以免灼伤眼球。

此外，在暗房中工作应先放妥并熟记各仪器、元件、药瓶的位置，操纵移动仪器和元件时，手应由外向里紧贴桌面，轻缓挪动，避免碰翻或带落其他器件，同时更要注意安全用电。

第 4 章　物理实验基础测量与训练

实验 4.1　长度测量与数据处理

物理学中的衔尾蛇（Ouroboros）——长度知识知多少

物理学是研究物质基本结构和运动基本规律的学科，从研究对象的空间尺度来看，从微观尺度到宇观尺度，大小至少跨越了 40 多个数量级。

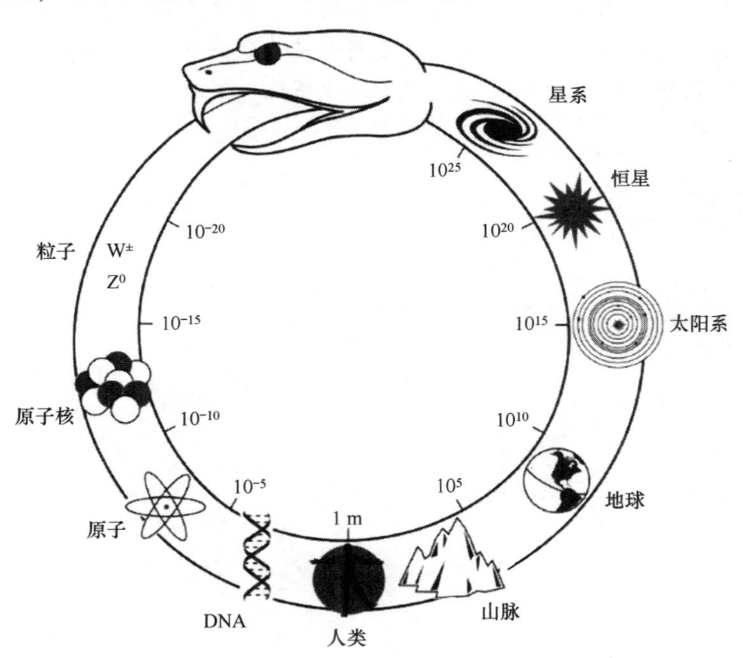

人类是认识自然界的主体，以自身的尺度规定了长度的单位——米（meter），它是七个国际单位制中长度的基本单位，符号为 m。1m 的长度最初定义为通过巴黎的子午线上从地球赤道到北极点的距离的千万分之一。其后随着人们对度量衡学的认识加深，米长度的定义几经修改，中间还经历了米原器和光谱定义。1983 年，在第十七届国际计量大会上定义米的长度为“光在真空中于 1/299792458s 内行进的距离”，并沿用至今。比米大的常用单位有千米（km），比米小的常用单位有分米（dm）、厘米（cm）、毫米（mm）。

物理学最初的研究对象正是与米尺度相当的宏观物体，即宏观物理学，以伽利略和牛顿等科学家为代表，研究物质的基本结构和运动的基本规律。在20世纪，随着电子显微镜技术的发展，科学家们开始深入到分子和原子层次的研究，定义为微观物理学，长度的代表单位为纳米（nanometer，nm），1纳米等于十亿分之一米的长度（$1nm=10^{-9}m$），这个尺度的物质客体主要由各种物质的纳米粒子以及原子核、质子和中子等构成。另外，微观物理研究的前沿是高能和粒子物理学，尺度可达到$10^{-15}m$及以下，微观尺度上物质运动服从的规律与宏观物体有本质的区别，不断衍生出许多新的物理学研究方向。

介于微观和宏观尺度之间发展出新兴的学科——介观物理学，尺寸介于$10^{-4}\sim10^{-7}m$之间，主要代表物体为蛋白质、DNA和微米材料等，这便是目前研究较为活跃的交叉学科——生物物理学和材料物理学。

进而继续转向大尺度的研究，从山川湖泊到大气海洋，尺度数量级在$10^{3}\sim10^{7}m$范围内，这属于物理学的一个研究分支——地球物理学。进一步从地球、太阳系到星系宇宙，尺度从$10^{8}\sim10^{27}m$跨越十几个数量级，属于天文学和天体物理学的研究范围。在这个研究领域，科学家引入了新的长度单位——光年，即光在宇宙真空中沿直线经过一年时间的距离，1光年约为$9.4607\times10^{15}m$。

物理学最大的研究对象为整个宇宙，在20世纪后期，建立了宇宙大爆炸模型，在大爆炸初期整个宇宙是极高温的热辐射和高能粒子，因此，关于早期宇宙的研究就成了微观粒子物理研究的对象。纵观整个物理学，从小尺度到大尺度的研究所用的一些理论是相通的，目前，从天体物理学到粒子物理学两大尖端研究正紧密地衔接在一起，正如一条蛇咬住了自己的尾巴。

长度是最基本的物理量之一，在生产和科学实验中，长度测量的应用是非常广泛的。在各种各样的长度测量仪器中，它们的外观虽然不同，但其标度大都是以一定的长度来划分的，对许多物理量的测量都可以归为对长度的测量，因此，长度的测量是实验测量的基础。在进行长度的测量中，我们不仅要求能够正确使用测量仪器，还要能够根据对长度测量的不同精度要求，合理选择仪器，以及根据测量对象和测量条件采用适当的测量手段。

实验目的

1. 熟练掌握游标卡尺、螺旋测微器和读数显微镜的原理和使用方法。
2. 选择合适的测量工具对待测量物体进行测量。
3. 学会测量数据的记录、数据处理和计算不确定度的基本方法。

实验原理

常用测量长度的仪器有米尺、游标卡尺、螺旋测微器和读数显微镜。表征这些仪器规格的主要指标为量程和分度值。量程表示仪器能够测量到的最大范围；分度值表示仪器可以准确读到的最小数值。一般说，分度值越小，仪器的精度越高。这些仪器的原理和使用方法可参照本书中物理实验基本仪器章节部分。

实验仪器

游标卡尺、螺旋测微器、读数显微镜、待测空心圆柱体、铁丝、细金属丝。

实验内容

1. 用游标卡尺测一空心圆柱体不同位置的外径 D、内径 d 和高度 H 各六次，记录并计算空心圆柱体的体积。
2. 用螺旋测微器测量铁丝的直径 d 六次，测量并记录数据。
3. 用读数显微镜测量细金属丝的直径 d 六次，测量并记录数据。

实验数据及处理

1. 用游标卡尺测空心圆柱体，将实验数据填入表 4. 1-1 中。

表 4. 1-1　用游标卡尺测空心圆柱体实验数据表

质量 m=＿＿＿＿＿＿g

测量次数 i	1	2	3	4	5	6	平均值
外径 D/mm							
内径 d/mm							
高度 H/mm							

已知游标卡尺的 B 类不确定度为 0. 02mm，利用以上测量数据分别计算外径 D、内径 d 和高度 H 的不确定度，并写出其相应的表达式；计算空心圆柱的体积 V 和不确定度 U_V，并

写出体积的表达式；计算空心圆柱的密度。

2. 用螺旋测微器测量铁丝的直径，将实验数据填入表 4. 1-2 中。

表 4. 1-2　用螺旋测微器测量铁丝的直径实验数据表

螺旋测微器零位度数d_0 =________mm

测量次数 i	1	2	3	4	5	6	$\overline{d'}$
测量读数d'/mm							
测量值 d/mm	$d=\overline{d'}-d_0$						

利用以上数据计算铁丝的直径 d。

3. 用读数显微镜测量细金属丝的直径，将实验数据填入表 4. 1-3 中。

表 4. 1-3　用读数显微镜测量细金属丝的直径实验数据表

测量次数 i	1	2	3	4	5	6
左读数d_1/mm						
右读数d_2/mm						
直径 $d=\|d_1-d_2\|$/mm						

利用以上数据计算细金属丝直径的平均值 $\overline{d}$。已知读数显微镜的仪器误差为 0. 004mm，计算细金属丝直径的不确定度，并写出细金属丝直径的表达式。

注意事项

1. 在使用游标卡尺时，推游标不要用力过大；测量中不要弄伤刀口和钳口；用完后应立即放回盒内，不能随便放在桌子上。

2. 在使用螺旋测微器时，测量前应注意先测零点读数；测量过程中两测量面和被测物体间的接触压力应当微小，在听到“嘚嘚”声时，表明已接触上，可以读数，不能用力挤压；测量后应使测量面间留出一个间隙，以避免因热膨胀而损坏螺纹。

3. 在使用读数显微镜时，由于测量装置的螺纹之间存在空隙，在测量读数时，显微镜的读数鼓轮必须始终沿同一方向旋转，防止因螺纹间隙产生空程差。

实验4.2　用单摆测量重力加速度

十大美丽实验之伽利略的自由落体实验

在16世纪末，人们普遍认为重量大的物体比重量小的物体下落快，因为伟大的亚里士多德曾经这么断言。但比萨大学的数学讲师伽利略（Galileo Galilei，1564—1642）却持有自己的观点，并大胆地向众人演示了一个非常简单的实验：年轻的伽利略登上58m高的比萨斜塔的塔顶，将一个10磅重和一个1磅重的铁球同时抛下，两个铁球在重力的作用下自由下落，并几乎同时落地。面对这个“有违常理”的实验结果，在场的人个个目瞪口呆。这就是科学界著名的“比萨斜塔试验”。

“比萨斜塔试验”作为自然科学的实例，也为“实践是检验真理的惟一标准”提供了一个生动的例证。这个实验被崇拜至极，但其实可能只是一个传说。且不论这个传说的真伪，事实是，伽利略创立了科学方法论的基本思想——用实验来验证理论的正确性。伽利略也被誉为“近代实验科学之父”。

抓起一个小球，松开手并观察它的运动，这就是物理实验！

地球表面附近的物体，在仅受重力作用时具有的加速度称为重力加速度，也叫自由落体加速度，用 g 表示，重力加速度 g 的方向总是竖直向下的。在地球上的不同地区，同一物体所受的重力并不相同，所以重力加速度 g 也不相同。它由物体所在地区的纬度、海拔高度及矿藏分布等因素决定。

实验目的

1. 掌握单摆的摆动规律和测量原理。
2. 掌握使用单摆测量当地重力加速度的方法。
3. 掌握图解法的数据处理方法。

实验原理

单摆是由一摆线连着质量为 m 的摆锤所组成的力学系统，是力学中一个重要的模型。当年伽利略在观察比萨教堂中的吊灯摆动时发现，摆长一定的摆，其摆动周期不因摆角而变化，因此可用它来计时，后来惠更斯利用了伽利略的发现发明了摆钟。物理实验中的单摆实验，是要进一步精确地研究该力学系统所包含的力学线性和非线性运动行为，并利用该结论测量当地重力加速度。

用一不可伸长的轻线悬挂一小球，做幅角 θ 很小的摆动就是一单摆，如图 4.2-1 所示。

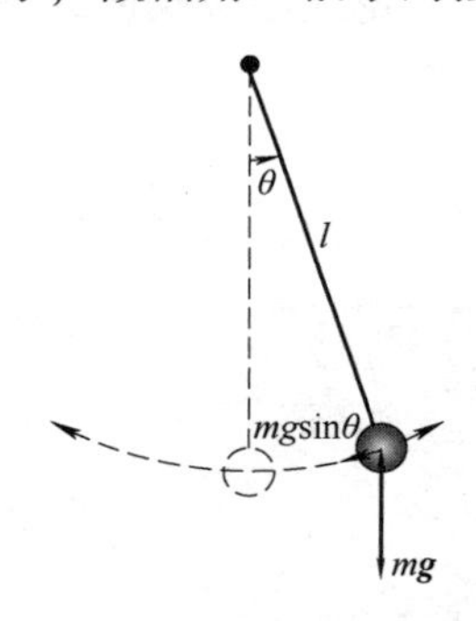

图 4.2-1　单摆示意图

设小球的质量为 m，其中心到摆的支点的距离为 l（摆长）。作用在小球上的切向力的大小为 $mg\sin\theta$，它总指向平衡点。θ 很小时，$\sin\theta \approx \theta$，切向力的大小为 $mg\theta$，按牛顿第二定律，质点的运动方程为 $ma_t = -mg\theta$，其中 a_t 是切向加速度。又因为 $a_t = l\dfrac{d^2\theta}{dt^2}$，所以

$$\frac{d^2\theta}{dt^2} = -\frac{g}{l}\theta \tag{4.2-1}$$

这是一简谐振动方程（参阅普通物理学中的简谐振动），式（4.2-1）的解为

$$\theta(t) = A\cos(\omega_0 t + \varphi_0) \tag{4.2-2}$$

$$\omega_0 = \sqrt{\frac{g}{l}} \tag{4.2-3}$$

式中，A 为振幅；φ_0 为初相角；ω_0 为角频率（固有频率）。可见，单摆在摆角很小，不计阻

力时的摆动为简谐振动，与此同类的系统有线性弹簧上的振子、LC 振荡回路中的电流、微波与光学谐振腔中的电磁场、电子围绕原子核的运动等，因此单摆的线性振动是具有代表性的。由式（4.2-3）可知该简谐振动的固有角频率 ω_0 等于 $\sqrt{g/l}$，又因为 $\omega_0=2\pi/T$，所以

$$T = 2\pi\sqrt{\frac{l}{g}} \tag{4.2-4}$$

式中，T 为单摆的摆动周期。由式（4.2-4）可知，幅角 θ 很小时，周期 T 只与摆长 l 有关。实验时，测量一个周期的相对误差较大，一般是先测量连续摆动 n 个周期的时间 t，然后由 t 计算单个周期 T，最后由式（4.2-4）得

$$g = \frac{4\pi^2 l}{T^2} \tag{4.2-5}$$

当幅角 θ 较大时，$\sin\theta\approx\theta$ 不再成立，此时重力加速度 g 与幅角 θ 的关系是

$$g = \frac{4\pi^2 l}{T^2(\theta)}\left(1 + \frac{1}{4}\sin^2\frac{\theta}{2}\right)^2 \tag{4.2-6}$$

显然，当幅角 θ 非常小时，式（4.2-5）就是式（4.2-6）的近似结果。

实验仪器

单摆实验仪、钢卷尺、游标卡尺等。

实验内容

1. 游标卡尺测量直径

掌握有游标卡尺的使用方法，并使用游标卡尺测量小球的直径。

2. 测量不同条件下单摆的周期

（1）在 $\theta<5°$ 的情况下，改变单摆的摆长 l，多次测量单摆摆动周期 T，并计算重力加速度 g。

（2）固定单摆的摆长 l，改变幅角 θ，多次测量单摆摆动周期 $T(\theta)$，并计算重力加速度 g。

实验数据及处理

1. 将多次测量小球直径的结果填入表 4.2-1，并计算小球半径。

表 4.2-1　小球半径的测量

次　数	1	2	3	4	5	6
直径 d/cm						
$\bar{d}$/cm						
$\frac{\bar{d}}{2}$/cm						

2. $\theta<5°$ 时，设置不同的线长，测量单摆连续摆动 n 个周期所用的时间 t，并将测量结果填入表 4.2-2。

表 4.2-2　不同线长时，单摆周期的测量

线长 L/cm						
摆长 l/cm						
t_1/s						
t_2/s						
t_3/s						
t_4/s						
t_5/s						
t_6/s						
$\bar{t}$/s						
$T=\frac{\bar{t}}{20}$/s						
T^2/s^2						

用测得数据绘制 l-t^2 图，并用图解法计算重力加速度 g。

3. 线长固定，设置不同的幅角 θ，测量单摆连续摆动 n 个周期所用的时间 t，并将测量结果填入表 4.2-3。

表 4.2-3　不同 θ 时，单摆周期的测量

线长 L=______ cm，摆长 l =______ cm

摆角 θ / (°)				
t_1/s				
t_2/s				
t_3/s				
t_4/s				
t_5/s				
t_6/s				
$\bar{t}$/s				
$T=\frac{\bar{t}}{20}$/s				

验证摆角与周期的关系，并说明实验结论。

注意事项

1. 分别用卷尺和游标卡尺，测量线长 L 和摆球直径。摆长 l 等于线长 L 加摆球半径。
2. 当摆球的振幅小于摆长的 1/12 时，即摆角 $\theta<5°$。

分析与思考

1. 试分析实验中测量重力加速度时的误差来源。
2. 由于受到空气阻力作用，单摆摆动的振幅会越来越小，摆动周期有什么变化?

实验4.3　简谐振动与弹簧劲度系数的测量

“伦敦的达·芬奇”——罗伯特·胡克

罗伯特·胡克（Robert Hooke，1635—1703），英国科学家，博物学家，发明家，是17世纪英国最杰出的科学家之一。在物理学研究方面，他提出了描述材料弹性的基本定律——胡克定律，在机械制造方面，他设计制造了真空泵、显微镜和望远镜，细胞一词即由他命名。在新技术发明方面，他发明的很多设备至今仍然在使用。

在1655年，物理学家、化学家罗伯特·波义耳（Robert Boyle）应主持牛津大学改革的威尔金斯的邀请，前往牛津建立实验室。胡克得以与波义耳相识，并成了波义耳的研究助手。1658—1661年波义耳和胡克对德国发明家奥托·冯·格里克（Otto von Guericke）发明的气泵进行改进，并进行了气体的压强和体积的研究，提出了波义耳定律。1665年胡克根据英国皇家学会一院士的资料设计了一台复杂的复合显微镜。有一次他从树皮切了一片软木薄片，并放到自己发明的显微镜下观察。他观察到了死亡的植物细胞，并且觉得他们的形状类似教士们所住的单人房间，所以他使用单人房间的cell一词命名植物细胞为cellua，成为史上第一次成功观察细胞。同年胡克出版了《显微术》一书，该书包括了一些他使用显微镜或望远镜进行的观察记录。1673年，胡克利用自己高超的机械设计技术成功建设了第一个反射望远镜，并使用这一望远镜首次观测到火星的旋转和木星大红斑，以及月球上的环形山和双星系统。

1676年，胡克对弹簧的性质做了周密的研究，进行了很多实验，得到一条重要的结论，他用字谜的方式把这个结果公布在他的一本书中，这个字谜就是：ceiiinosssttuv。两年后，胡克正式发表了《论弹性的势》这本书，在书中论述了弹性和力的关系，并公布了他的字谜：ut tensio sic vis，意思是“力如伸长（那样变化）”，即应力与伸长量成正比，这就是著名的胡克定律。

胡克和牛顿的关系问题一直充满了争论。一般认为，两人彼此存在较大的敌意。争论起源于光学，1672年牛顿在皇家学会阐述自己的观点，认为白光经过棱镜产生色散，分成七色光，他将其解释为不同颜色微粒的混合与分开，遭到主张光波动说的胡克的尖锐批评。牛顿大怒，称胡克完全没有理解自己这一划时代发现的意义，并威胁要离开皇家学会。这使得主张光微粒说的牛顿一直将已完成的著作《光学》延迟到胡克过世后才出版。《光学》出版后，奠定了光微粒说的统治地位，直到一百多年以后的菲涅耳重新发现胡克的光波动说。

简谐振动是自然界中最基本、最简单的振动，一切复杂的振动都可以看作是若干个简谐振动的合成。因此，研究简谐振动是研究其他复杂振动的基础。本实验利用集成霍尔传感器测量简谐振动的周期，从而掌握简谐振动的规律。

集成霍尔传感器是将霍尔元件、集成电路放大器和薄膜电阻剩余电压补偿器组合而成的一种微型测量磁感应强度的器件，具有体积小、输出信号大、灵敏度高、可靠性好和使用方便等优点。20 世纪 90 年代初，集成霍尔传感器技术得到了迅猛发展，各种性能的集成霍尔传感器不断涌现，在工业、交通、通信等领域的自动控制中得到了大量应用，如磁感应强度、位移、周期和转速的测量，还有液位控制、流量测量、产品计数、角度测量等。

实验目的

1. 用伸长法测量弹簧劲度系数，验证胡克定律。
2. 测量弹簧简谐振动的周期，求得弹簧的劲度系数。
3. 研究弹簧振子做谐振动时周期与振子的质量、弹簧劲度系数的关系。

实验原理

1. 简谐振动

弹簧在外力作用下会产生形变，由胡克定律可知：在弹性变形范围内，外力 F 和弹簧的形变量 Δy 成正比，即

$$F = k\Delta y \tag{4.3-1}$$

式中，k 为弹簧的劲度系数，它与弹簧的形状、材料等因素有关。通过测量 F 和相应的 Δy，就可推算出弹簧的劲度系数 k。

将弹簧的一端固定在支架上，把质量为 m 的物体垂直悬挂于弹簧的自由端，构成一个弹簧振子。若物体在外力作用下离开平衡位置少许，然后释放，则物体就在平衡点附近做简谐振动，其周期为

$$T = 2\pi\sqrt{\frac{m + pm_0}{k}} \tag{4.3-2}$$

式中，p 是待定系数，它的值近似为 1/3；m_0 是弹簧自身的质量，pm_0 称为弹簧的有效质量。通过测量弹簧振子的振动周期 T，就可由式（4.3-2）计算出弹簧的劲度系数 k。

2. 霍尔开关（磁敏开关）

集成开关型霍尔传感器简称霍尔开关，是一种高灵敏度磁敏开关。其脚位分布如图 4.3-1 所示，实际参考应用电路如图 4.3-2 所示。在图 4.3-2 所示的电路中，当垂直于该传感器的磁感应强度大于某值时，该传感器处于“导通”状态，这时在 OUT 脚和 GND 脚之间输出电压极小，近似为零；当磁感应强度小于某值时，输出电压等于 VCC 到 GND 之间所加的电源电压。利用集成霍尔开关这个特性，可以将传感器输出信号接入周期测定仪，测量物体转动的周期或物体移动所需时间。

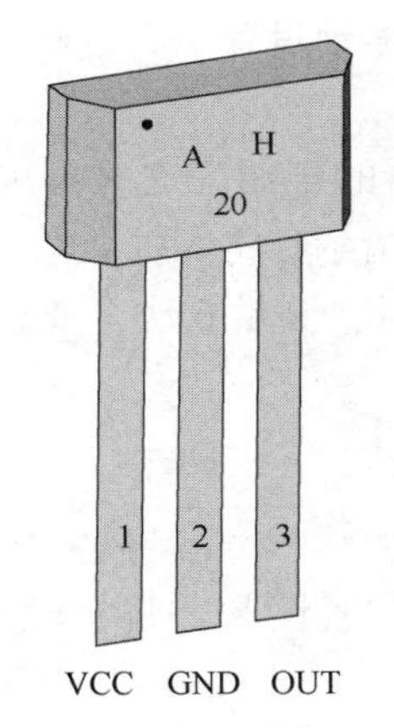

图 4. 3-1　霍尔开关脚位分布图

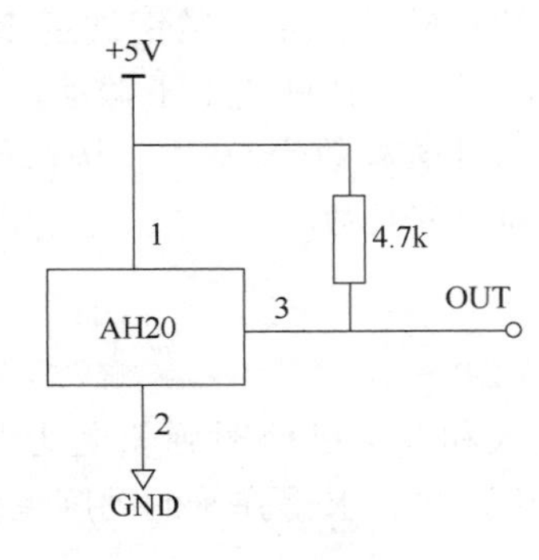

图 4. 3-2　AH20 参考应用电路

实验仪器

焦利秤、多功能计时器、弹簧、霍尔开关传感器、磁钢、砝码和砝码盘等。

实验内容

1. 用焦利秤测定弹簧的劲度系数 *k*

（1）将水泡放置在底板上，调节底板上的三个水平调节螺钉，使焦利秤立柱竖直。

（2）在立柱顶部横梁挂上挂钩，再依次安装弹簧、配重砝码组件以及砝码盘；配重砝码组件由两只砝码构成，中间夹有指针，砝码上下两端均有挂钩；配重砝码组件的上端挂弹簧，下端挂砝码盘。

（3）调整游标尺的位置，使指针对准游标尺左侧的基准刻线，然后锁紧固定游标的锁紧螺钉；滚动锁紧螺钉左边的微调螺钉使指针、基准刻线以及指针像重合，此时可以通过主尺和游标读出初始读数。

（4）先在砝码托盘中放入 500mg 砝码，然后再重复实验步骤（3），读出此时指针所在的位置值。先后再放入托盘中 10 个 500mg 砝码，通过主尺和游标读出每个砝码被放入后小指针的位置值；再依次从托盘中把这 10 个砝码一个个取下，记下对应的位置值。（读数时要正视并且确保弹簧稳定后再读数。）

（5）根据每次放入或取下砝码时弹簧受力和对应的伸长值，用作图法或逐差法，求得弹簧的劲度系数 k。

2. 测量弹簧做简谐振动时的周期并计算弹簧的劲度系数

（1）取下弹簧下的砝码托盘、配重砝码组件，在弹簧上挂入 20g 铁砝码（砝码上有小孔）。将小磁钢吸在砝码的下端面。

（2）将霍尔开关组件装在镜尺的左侧面，霍尔元件朝上，接口插座朝下；把霍尔开关组件通过专用连接线与多功能计时器的传感器接口相连。

（3）开启计时器电源，仪器预热 5～10min。

（4）上下调节游标位置，使霍尔开关与小磁钢间距约 4cm；确保小磁钢位于砝码端面中心位置并与霍尔开关敏感中心正面对准，以使小磁钢在振动过程中有效触发霍尔开关，当霍尔开关被触发时，计时器上的信号指示灯将由亮变暗。

（5）向下垂直拉动砝码，使小磁钢贴近霍尔传感器的正面，这时可观察到计时器信号指示灯变暗；然后松开手，让砝码上下振动，此时信号指示灯将闪烁。

（6）设定计时器计数次数为50次，按执行开始计时，测量6次，通过测量的时间计算振动周期以及弹簧的劲度系数。

实验数据及处理

1. 测量每次放入和取下砝码时弹簧受力和对应的位置读数，将实验数据填入表4.3-1中，并用作图法和逐差法，求得弹簧的劲度系数 k。

表4.3-1 用焦利秤测定弹簧的劲度系数

i	0	1	2	3	4	5	6	7	8	9
载荷 m_i/g										
标尺读数 y_i^+/mm										
标尺读数 y_i^-/mm										
$\overline{y_i}=\dfrac{y_i^+ + y_i^-}{2}$/mm										
加2.5g标尺读数变化 y_{mi}/mm	$y_{m1}=\overline{y_5}-\overline{y_0}$ =		$y_{m2}=\overline{y_6}-\overline{y_1}$ =		$y_{m3}=\overline{y_7}-\overline{y_2}$ =		$y_{m4}=\overline{y_8}-\overline{y_3}$ =		$y_{m5}=\overline{y_9}-\overline{y_4}$ =	
平均值 $\overline{y_m}=\dfrac{1}{5}\sum_{i=1}^{5}y_{mi}=$										

2. 测量弹簧振子振动50个周期所用时间，测量并记录6次；用电子天平分别称量弹簧质量 m_0，悬挂于弹簧自由端重物的质量 m，表格自拟。利用式（4.3-2）求解弹簧的劲度系数 k。

注意事项

1. 实验时要确保弹簧每圈之间要有一定距离，以尽量消除弹簧自身静摩擦力，否则会带来较大误差。
2. 要在弹簧弹性限度范围内使用弹簧，不可随意玩弄或大力拉伸弹簧。
3. 实验完成后，需取下弹簧，防止弹簧长时间处于伸长状态。
4. 砝码取放时要使用镊子，妥善保管，放置在干燥环境中。
5. 小磁钢有磁性，需远离易被磁化的物品。

分析与思考

1. 集成霍尔开关测量周期有何优点？你是否可以举些例子说明集成霍尔开关的应用？
2. 试设计一实验方案确定弹簧的等效质量。

实验4.4 扭摆法测量物体的转动惯量

转动惯量及其应用

转动惯量（Moment of inertia）是刚体转动时惯性大小的度量，是研究、设计、控制转动物体运动规律的重要工程技术参数。转动惯量的测量是质量特性参数测量的一部分，是设备系统性能分析中的一个重要性参数。在许多重要产业领域，例如：在航天工业，人造卫星、远程火箭、战术导弹等需要测量转动惯量以确定产品是否符合设计要求，以及如何修正；在航空工业，需要测量飞机的转动惯量，来了解飞机的机动性能；在国防工业，需要测量反坦克导弹、火弹、各种炮弹转动惯量等，来确定这些物理参数对弹丸的初始扰动、弹道轨迹等的影响；在汽车工业，各种车辆以及转动部件必须测量转动惯量和偏心，通过修正偏心来提高车辆的性能和寿命等。因此，采用合适的方法计算标定系统的转动惯量，具有重要的实际意义。

刚体的转动惯量等于刚体内各质点的质量与质点到轴的垂直距离平方的乘积之和，因此刚体的转动惯量除与物体质量有关外，还与刚体的质量分布和转轴的位置都有关系。对几何形状规则、密度分布均匀的刚体，可直接计算出它绕特定轴的转动惯量，几种常见的规则刚体的转动惯量如图所示。但在工程实践中，我们常碰到大量形状复杂、密度分布不均匀的刚体，其转动惯量的理论计算极为复杂，借助一些计算分析软件，一般也达不到要求的精度，它们的转动惯量通常采用实验方法来测定。测量转动惯量有多种方法，如落体法、双线摆法、复摆法、扭摆法（三线摆、金属杆扭摆、单悬丝扭摆、双悬丝扭摆、蜗簧扭摆）等。

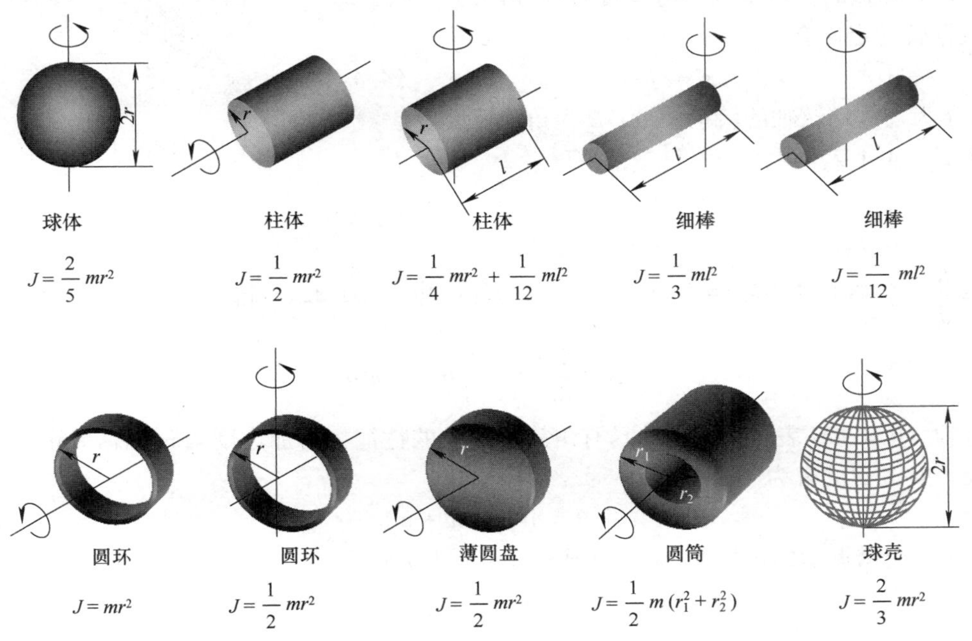

转动惯量是刚体转动时惯性大小的量度，是表明刚体特性的一个物理量。刚体转动惯量除了与物体质量有关外，还与转轴的位置和质量分布有关。若刚体形状规则，且质量分布均匀，可以直接计算出它绕定轴的转动惯量。对于形状复杂、质量分布不均匀的刚体，计算将极为复杂，通常采用实验方法来测定，例如机械部件、电动机转子和枪炮弹丸等。对于转动惯量的测量，一般都是使刚体以一定形式运动，通过表征这种运动特征的物理量和转动惯量的关系进行转换测量。本实验利用扭摆法测定物体的转动惯量。

实验目的

1. 熟悉扭摆的构造，掌握扭摆法测量转动惯量的原理。
2. 通过实验设计测量弹簧的扭转常数。
3. 利用扭摆法测量几种不同形状刚体的转动惯量，并验证转动惯量的平行轴定理。

实验原理

扭摆装置如图 4.4-1 所示。在轴 1 上可以装上各种待测物体；薄片状螺旋弹簧 2 垂直于轴 1 安装，用以产生恢复力矩；3 为水平仪，指示系统是否水平；4 为水平调节旋钮，用来调整系统平衡。

1. 转动惯量、扭转常数和周期的关系

当装在转轴 1 上的待测物体转过一定角度 θ 后，在弹簧的恢复力矩 M 作用下，物体就开始绕转轴 1 做往返扭转运动。根据胡克定律，弹簧扭转而产生的恢复力矩 M 与所转动的角度 θ 成正比，即

$$M = -K\theta \tag{4.4-1}$$

式中，K 为弹簧的扭转常数，与弹簧的材料有关。

根据转动定律有

$$M = J\beta \tag{4.4-2}$$

式中，J 为物体绕转轴的转动惯量；β 为角加速度。

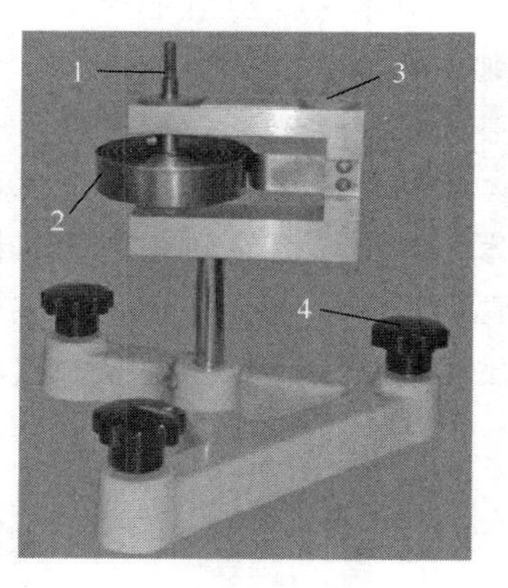

图 4.4-1　扭摆仪

由式（4.4-2）得

$$\beta = \frac{M}{J} \tag{4.4-3}$$

令 $\omega^2 = \frac{K}{J}$，忽略其他力矩的作用，由式（4.4-1）和式（4.4-3）得

$$\beta = \frac{\mathrm{d}^2\theta}{\mathrm{d}t^2} = -\frac{K}{J}\theta = -\omega^2\theta \tag{4.4-4}$$

方程（4.4-4）表明扭摆运动具有角简谐振动的特征，角加速度与角位移成正比，且方向相反。此方程的解为

$$\theta = A\cos(\omega t + \varphi) \tag{4.4-5}$$

式中，A 为简谐振动的角振幅；φ 为初相位角；ω 为圆频率。

$$T = \frac{2\pi}{\omega} = 2\pi\sqrt{\frac{J}{K}} \tag{4.4-6}$$

由式（4.4-6）可知物体的转动惯量为

$$J = \frac{KT^2}{4\pi^2} \tag{4.4-7}$$

由式（4.4-7）可知，只要测量出物体扭摆的摆动周期 T 和弹簧的扭转常数 K，即可计算出物体的转动惯量。

本实验用一个几何形状规则的物体，在扭摆上测量出物体的摆动周期 T，其转动惯量可以根据它的质量和几何尺寸用理论公式直接计算得到，由此可算出扭摆弹簧的 K 值。若要测定其他形状物体的转动惯量，只需将待测物体安放在扭摆顶部的各种夹具上，测定其摆动周期，由式（4.4-7）即可算出该物体绕转轴的转动惯量。

2. 弹簧扭转常数 *K* 的测量及实验方法应用

弹簧扭转常数 K 的测量方法如图 4.4-2 所示。

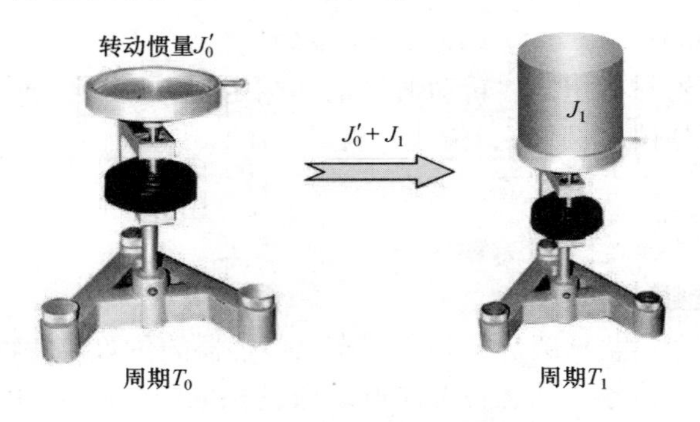

图 4.4-2　K 的测量原理图

设金属载物圆盘绕转轴的转动惯量是 J_0'，测出其转动周期为 T_0，则有

$$J_0' = \frac{K}{4\pi^2}T_0^2 \tag{4.4-8}$$

待测物塑料圆柱体对其质心轴的转动惯量理论值为 J_1，测出其与载物圆盘的复合体转动周期为 T_1，则

$$J_0' + J_1 = \frac{K}{4\pi^2}T_1^2 \tag{4.4-9}$$

式中，$J_1 = \frac{1}{8}m_1D_1^2$，$D_1$ 为圆柱体直径，m_1 为圆柱体质量。

由式（4.4-8）和式得（4.4-9）得

$$K = \frac{4\pi^2 J_1}{T_1^2 - T_0^2} \tag{4.4-10}$$

在 SI 中 K 的单位为 $kg \cdot m^2/s^2$（或 $N \cdot m$）。

如果将待测对象按一定要求放在载物圆盘上，测出其与载物圆盘的复合体绕中心转轴转动的周期为 T，则可以测出该物体绕中心转轴的转动惯量

$$J=\frac{K}{4\pi^2}(T^2-T_0^2) \tag{4.4-11}$$

式（4.4-11）为运用扭摆法测量物体转动惯量的计算公式。

理论证明，若质量为 m 的物体，绕经过其质心轴的转动惯量为 J_0，当转轴平行移动距离 x 后，此时物体绕该转轴的转动惯量为 $J=J_0+mx^2$，这就是转动惯量的平行轴定理。

将两个形状和质量相同的实心小圆柱体沿着直径方向对称地置于载物圆盘台面上，测得它们绕圆盘中心轴的转动周期，即可利用式（4.4-11）求得它们的转动惯量 J_4，根据转动惯量的平行轴定理，可由下式计算两个小圆柱绕中心轴的转动惯量：

$$J'_{40}=\frac{1}{8}m_4d^2+m_4x^2 \tag{4.4-12}$$

式中，m_4 是两个圆柱体的总质量；x 为单个圆柱体的中心与圆盘的轴心之间的距离；d 为圆柱体的直径。比较 J_4 和 J'_{40}，可验证转动惯量平行轴定理。

实验仪器

本实验提供的主要器材有扭摆、转动惯量周期测定仪、空心金属圆柱体、塑料圆柱体、实心球体、实心金属圆柱体（两个）、滑块、夹具、游标卡尺。

实验内容

1. 测弹簧的扭转常数 K

在扭摆转轴上装上金属载物圆盘，并调整光电传感器的位置使载物圆盘上的挡光杆处于其开口中央且能遮挡激光信号，并能自由往返地通过光电门。测量 10 个摆动周期所需要的时间 $10T_0$，并计算平均值 $\overline{T}_0$。

将转动惯量为 J_1（J_1 的数值可由塑料圆柱体的质量 m 和外径 D 算出）的塑料圆柱体放置在金属载物圆盘上，测量 10 个摆动周期所需要的时间 $10T_1$，根据式（4.4-10）可得到弹簧的扭转常数 K。

2. 测规则物体（空心金属圆柱体）**的转动惯量**

将空心金属圆柱体放在载物圆盘上，测定其摆动周期 $10T_2$，计算其转动惯量的理论值和实验值，并算出相对误差。

3. 测不规则物体飞机的转动惯量

将飞机模型置于金属载物圆盘中，使飞机模型中心轴（即支架底座的中轴线）与载物圆盘中心轴同轴，用与前面相同的方法测出飞机模型摆动 10 个周期所需的时间 $10T_3$，算出其转动惯量。

4. 物体质量和尺寸的测量

根据实验要求，测量实心塑料圆柱、空心金属圆柱的质量和相应尺寸。

5. 验证转动惯量的平行轴定理

根据实验室提供的器材自行设计实验方案，验证平行轴定理。

实验数据及处理

1. 实验数据记录表格（实验内容 1~4）

表 4.4-1　周期测量数据表格

次　序	物体及测量时间			
	载物圆盘 t_0（$10T_0$）/s	载物圆盘+塑料圆柱 t_1（$10T_1$）/s	载物圆盘+空心圆柱 t_2（$10T_2$）/s	载物圆盘+飞机模型 t_3（$10T_3$）/s
1				
2				
3				
4				
5				
6				
$\bar{t}$/s	$\bar{t}_0=$	$\bar{t}_1=$	$\bar{t}_2=$	$\bar{t}_3=$
$\bar{T}$/s	$\bar{T}_0=$	$\bar{T}_1=$	$\bar{T}_2=$	$\bar{T}_3=$

表 4.4-2　质量和尺寸数据表格

物　体	待　测　量					
	尺寸/cm				质量/g	
塑料圆柱	直径 D_1				m_1	
空心圆柱	$D_外$		$D_内$		m_2	

2. 验证平行轴定理数据测量

表 4.4-3　周期测量数据表格

次　序	物体及测量时间	
	载物圆盘+金属垫片 t'_0（$10T'_0$）	载物圆盘+金属垫片+两实心圆柱 t_4（$10T_4$）
1		
2		
3		
4		
5		
6		
$\bar{t}$/s	$\bar{t}'_0=$	$\bar{t}_4=$
$\bar{T}$/s	$\bar{T}'_0=$	$\bar{T}_4=$

表 4.4-4　质量和尺寸数据表格

次　序		1	2	3	4	5	6	平　均
实心圆柱	直径 d/cm							
	总质量 m_4/g							
轴心距	x/cm							

注意事项

1. 扭摆的基座应始终保持水平状态。

2. 光电探头宜放置在挡光杆的平衡位置处，挡光杆必须能通过光电探头间隙内的两个小孔，两者不能相接触。

3. 由于弹簧的扭转常数 K 值不是固定常数，它与摆动角度略有关系，摆角在 40°~90°间基本相同。为了降低实验时由于摆角变化过大带来的系统误差，在测量各种物体摆动周期时，摆角要基本相同，应在 90°附近。

4. 转轴必须插入载物圆盘，并将螺钉旋紧，使它与弹簧组成牢固的整体。若发现摆动时有响声或摆动数次之后摆角明显减小或停下，原因即在于螺钉未旋紧。

5. 实心塑料圆柱体和空心金属圆柱体放在载物圆盘上时，必须放正，不能倾斜。

分析与思考

1. 为什么实验仪器需要调水平？物体没有放正为什么会产生实验误差？

2. 为什么计算实心球体的转动惯量中未考虑夹具的质量？

3. 如何用本装置来测定任意形状物体绕特定转轴的转动惯量？

实验 4.5　拉伸法测量金属丝的弹性模量

弹性模量定义的提出都经历了什么？

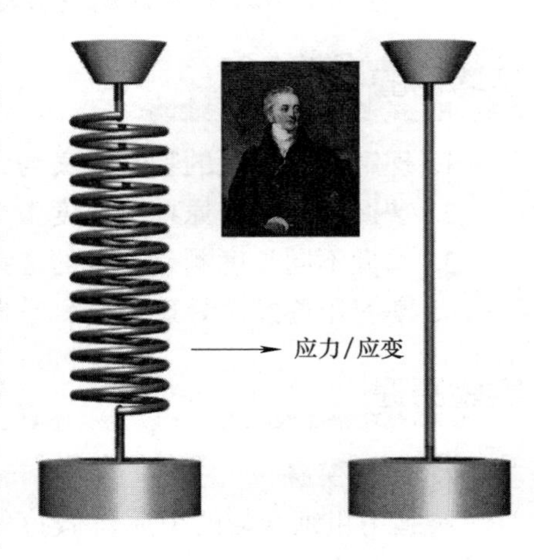

现在我们可以清晰明了地知道，弹性区间内，应力–应变曲线的斜率即为弹性模量（也称杨氏模量）。然而莱昂哈德・欧拉（L. Euler）和托马斯・杨（T. Young）等科学家却花费了整个18世纪直至19世纪，去解决我们今天看来一目了然的问题。其中重要的原因就是应力和应变的概念来得太迟了。用原始形式的胡克定律描述固体的弹性行为存在很大限制，显然力和形变量的比值依赖于样品的形状尺寸，无法表示材料的内禀属性，直至应力和应变概念的提出才解决这一问题。

事实上，伽利略（Galileo）差点儿就提出了应力的概念。他在《两门新科学》中描述：在其余因素都不变的情况下，拉伸状态下杆的强度与其横截面积成正比，并在1782年通过实验方法测定了钢和黄铜的弹性模量比值。奥古斯丁・柯西（A. Cauchy）察觉到，这种应力的概念普遍适用，并在1822年提交给法兰西科学院的一篇论文中率先提出了应力和应变这两个概念。像应力一样，应变与材料的长度、横截面积和形状也都无关。

而托马斯・杨在缺少应变和应力定义的前提下，于1807年给弹性模量下了定义："任意材料的弹性模量是指同一材料的一段柱体对其底部产生的压力与造成某一压缩量的重量之比，等于该材料长度与长度缩短量之比。"随后法国工程师纳维叶（Navier）在1826年给出了弹性模量的现代定义（E =应力/应变），三年后托马斯・杨就去世了，为了纪念他所做出的贡献，弹性模量（杨氏模量）以他的姓氏命名。

任何物体在外力作用下都会产生形变，如果形变在一定限度内，当外力撤销后，形变也将随之消失，这种形变被称为弹性形变。如果外力较大，形变超过一定限度，则当外力停止作用后，所引起的形变并不完全消失，称之为塑性形变。发生弹性形变时物体内将产生恢复原状的内应力。弹性模量是反映材料形变与内应力关系的物理量，该数值越大，说明材料越不易发生弹性形变，因此是工程技术中选择机械构件材料的重要依据。弹性模量的测量方法很多，可用静态法（如拉伸法或弯曲法）或动态法（如振动法）。本实验采用拉伸法测量弹性模量，运用光杠杆放大法测量长度微小变化量。

实验目的

1. 理解弹性模量的物理定义与含义。
2. 掌握用光杠杆原理测长度微小变化量的原理和方法。
3. 掌握不同长度测量器具的选择和使用方法。
4. 学习用逐差法处理数据，掌握不确定度的计算方法及结果的正确表达。

实验原理

1. 弹性模量

实验用粗细均匀的金属丝做拉伸弹性形变实验。设金属丝的原长为 L，横截面积为 S，在长度方向施加拉力 F 后，伸长了 ΔL，定义单位长度的伸长量 $\varepsilon=\Delta L/L$ 为应变，单位横截面积所受的力 $\sigma=F/S$ 为应力。根据胡克定律，在弹性限度内，应力与应变成正比关系，即

$$\frac{F}{S}=E\frac{\Delta L}{L} \tag{4.5-1}$$

式中，比例常数 E 即弹性模量，它只取决于材料的性质，而与其长度和截面积无关，常用单位为 N/m^2 或 Pa。实验中测出钢丝尺寸参数及在外力 F 作用下钢丝的伸长量 ΔL，则可算出钢丝材料的弹性模量

$$E=\frac{F/S}{\Delta L/L}=\frac{FL}{S\Delta L} \tag{4.5-2}$$

一般拉伸法实验中，金属丝可近似认为是直径为 d 的圆柱形，其上端固定，下端加载质量为 m 的砝码拉长金属丝，即 $F=mg$（g 为重力加速度），此时弹性模量为

$$E=\frac{F/S}{\Delta L/L}=\frac{mg/\left(\frac{1}{4}\pi d^2\right)}{\Delta L/L}=\frac{4mgL}{\pi d^2\Delta L} \tag{4.5-3}$$

式（4.5-3）中 L 可由米尺测量，d 可由螺旋测微器测量，F 可由实验中质量 m 求出，m 为砝码质量，有时实验中采用数字拉力计来显示对应的值，而 ΔL 是一个微小长度变化（mm 级）。本实验利用光杠杆的光学放大法精确测量金属丝微小伸长量 ΔL。

2. 光杠杆原理

光杠杆系统由反射镜、反射镜转轴和与反射镜固定连动的动足共同组成，如图 4.5-1 所示。

测量前，光杠杆的反射镜法线与水平方向成一夹角，在望远镜中恰能看到标尺刻度 x_1。

当金属丝受力后，产生微小伸长 ΔL，动足尖随之下降 ΔL，从而带动反射镜转动相应的角度 θ。根据光的反射原理，在出射光线（即进入望远镜的光线）不变的情况下，入射光线转动了 2θ，此时望远镜中看到标尺刻度为 x_2。

图 4.5-1 中，D 为光杠杆常数，为光杠杆小镜转轴到动足的水平距离；H 为标尺距望远镜镜筒中轴线的垂直距离。实验中 $D \gg \Delta L$，θ 和 2θ 很小，因此可做下列两个近似：

$$\theta \approx \tan\theta = \frac{\Delta L}{D} \tag{4.5-4}$$

$$2\theta \approx \tan 2\theta = \frac{|x_2 - x_1|}{H} \tag{4.5-5}$$

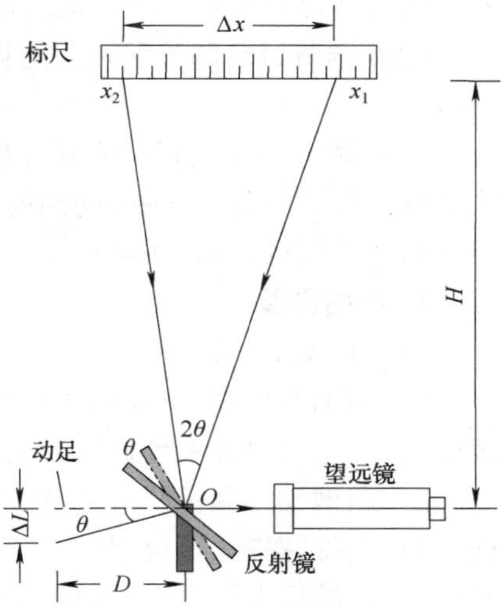

图 4.5-1　光杠杆放大原理图

则

$$\Delta x = |x_2 - x_1| = \frac{2H}{D}\Delta L \tag{4.5-6}$$

利用光杠杆将微小量 ΔL 经光杠杆小镜转变为角度的微小变化量 θ，再通过光杠杆转变为刻度尺上较大范围的读数变化量 Δx，通过测量 Δx 实现对 ΔL 的测量，不但提高了测量准确度，而且可以实现非接触测量。$2H/D$ 称为光杠杆的放大倍数，实验中放大倍数可达 35~55，但放大倍数过大时，测量装置的抗干扰性能较差。将式（4.5-6）代入式（4.5-3）得

$$E = \frac{8mgLH}{\pi d^2 D}\frac{1}{\Delta x} \tag{4.5-7}$$

如此，通过合适的长度测量工具测得 L、H、D 和 d，以及改变外力（$F=mg$）测得对应的标尺读数 x_i，即可计算得到被测金属丝的弹性模量 E。

实验仪器

本实验提供的主要仪器包含弹性模量仪及各类长度测量工具。弹性模量仪包含实验架、施力部件、望远镜、背光源等；长度测量工具包含钢卷尺、直尺、游标卡尺、螺旋测微器等。

实验内容

1. 调节实验架

实验前应保证上下夹头均夹紧金属丝，防止金属丝在受力过程中与夹头发生相对滑移，确保反射镜转动灵活且动足放置位置合适。为预防钢丝假性伸直，预加载约 2.00kg 对应的拉力。

2. 调节望远镜

（1）将望远镜移近并正对反射镜（望远镜前沿与仪器架平台板边缘的距离在 0~30cm 范围内均可）。调节望远镜高度调节螺钉，使反射镜转轴与镜筒中心轴等高，直到从目镜中

看去能看到背光源发出的明亮的光。

（2）调节目镜调节手轮，使得十字分划线清晰。调节调焦手轮，使得视野中标尺的像清晰。

（3）调节望远镜底座螺钉（也可配合调节反射镜角度），使十字分划线横线与标尺刻度线平行，并对齐约 2.00cm 的刻度线（避免实验最后超出标尺量程），水平移动支架，使十字分划线纵线对齐标尺中心。

3. 数据测量

（1）测量 L、H、D

1）用钢卷尺测量金属丝的原长 L，卷尺的始端放在金属丝上夹头的下表面（即横梁上表面），另一端对齐平台板的上表面。

2）用钢卷尺测量望远镜镜筒中轴线到标尺的垂直距离 H，卷尺的始端放在标尺板上表面，另一端对齐转轴中心点。

3）用游标卡尺或直尺测量光杠杆常数 D，即动足到反射镜转轴线的垂直距离。

4）将以上一次测量数据记入表 4.5-1 中。

（2）测量钢丝直径 d

用螺旋测微器测量不同位置的金属丝直径 6 次，注意螺旋测微器的零读数 d_0。将实验数据记入表 4.5-2 中。

（3）测量拉力 mg 对应的标尺刻度 x_i

1）以预加载的 2.00kg 作为初始零点，记录此时对齐十字分划线横线的刻度值 x_0^+。

2）逐渐增加金属丝的拉力，每隔 1.00（±0.01）kg 记录一次标尺的刻度 x_i^+，加力至 x_9^+ 后，再加 0.50~1.00kg（此时不记录数据）。

3）减小拉力至 x_9^- 并记录数据，同样地，逐渐减小金属丝的拉力，每隔 1.00（±0.01）kg 记录一次标尺的刻度 x_i^-，直至减至 x_0^- 结束。

4）将以上数据记录于表 4.5-3 中对应位置。

5）实验完成后，完全卸载金属丝上施加的拉力，并关闭仪器电源。

实验数据及处理

表 4.5-1　一次性测量数据

L/mm	H/mm	D/mm

表 4.5-2　金属丝直径测量

零读数 d_0 =　　　　　　单位：mm

i	1	2	3	4	5	6	平均值
测量读数 d_i'							
测量值平均值 $\overline{d}$	$\overline{d}=\overline{d'}-d_0$						

表 4.5-3 加减力时标尺刻度与对应拉力数据

序号 i	0	1	2	3	4	5	6	7	8	9
拉力值 m_i/kg	0.00									
加力时标尺刻度 x_i^+/mm										
减力时标尺刻度 x_i^-/mm										
平均刻度 $x_i=\dfrac{x_i^+ + x_i^-}{2}$/mm										
增减 5.00 kg 标尺读数变化 Δx/mm	$\Delta x_1=x_5-x_0$		$\Delta x_2=x_6-x_1$		$\Delta x_3=x_7-x_2$		$\Delta x_4=x_8-x_3$		$\Delta x_5=x_9-x_4$	
平均值 $\overline{\Delta x}$/mm										

1. 计算弹性模量 E，见式（4.5-7），其中 $m=5.00\text{kg}$，$g=9.7949\text{m/s}^2$，$\Delta x=\overline{\Delta x}$。
2. 计算 E 的不确定度 U_E（不考虑 g 的影响，取 $U_g=0$）：

$$U_E = E\sqrt{\left(\frac{U_L}{L}\right)^2+\left(\frac{U_H}{H}\right)^2+\left(\frac{U_m}{m}\right)^2+\left(-2\frac{U_d}{d}\right)^2+\left(-\frac{U_D}{D}\right)^2+\left(-\frac{U_{\Delta x}}{\Delta x}\right)^2}$$

3. 写出金属丝弹性模量测量结果的完整表达式：$E=(\overline{E}\pm U_E)$ Pa。

注意事项

1. 实验中不能再调整望远镜，并尽量避免实验桌震动，以保证望远镜稳定。
2. 在加力和减力过程中，不能回调力的大小，且每次需要等待一段时间直至形变量稳定后再读数。
3. 实验结束后务必完全卸载金属丝上的力。

分析与思考

1. 开始时给金属丝施加一定的预拉力的作用是什么？
2. 实验中，不同的长度参量为什么要选用不同的量具仪器（或方法）来测量？
3. 光杠杆有何优点？如何提高光杠杆的灵敏度？

实验 4.6　惠斯通电桥测电阻

电桥背后的故事

查尔斯·惠斯通（C. Wheat-stone，1802—1875）是19世纪英国著名的物理学家，他一生在多个方面为科学技术的发展做出了贡献。惠斯通没有受过任何正规的科学教育，但他善于学习、思考和钻研，通过自学迈入了科学殿堂。

1. 惠斯通电桥不是惠斯通发明的

在电阻测量及其他电学实验中，经常会用到一种叫作惠斯通电桥的电路，很多人认为这种电桥是惠斯通发明的，其实，这是一个误会，这种电桥是由英国发明家克里斯蒂在1833年发明的，但是由于惠斯通第一个用它来测量电阻，所以人们习惯上就把这种电桥称作惠斯通电桥。

2. 促进英国人承认欧姆定律

欧姆定律建立于1826—1827年间，但在当时并没有引起科学界的重视，因而欧姆定律难以被人们接受。1843年，惠斯通公布了他用实验对欧姆定律的证明结果，做这个实验的过程中，他还发明了变阻器和使用了电桥。借助于变阻器和电桥，惠斯通用一种新的方法测量了电阻和电流，通过惠斯通的实验结果，使英国人充分认识到了欧姆定律的正确性。惠斯通是真正领悟欧姆定律，并在实际中应用的第一批英国科学家之一。

3. 首次制造了一套实用的电报系统

惠斯通早在研究声学时就推测声音通过长距离传播的可能性，19世纪30年代初他就致力于电报的研究。1837年，惠斯通和库克（W. F. Cooke）发明了五针电报机并得到了他们的第一个电报专刊，同年，他们又安装了大约1mile（=1609.344m）长的演示线路。在接下来的岁月中，惠斯通经过研究还发明了印刷电报机和单针电报机，进行海底电报实验，创立了“惠斯通-库克”电报公司，这些都促进了英国电报业的迅速发展。

电桥是测量电阻的常用仪器，具有测试灵敏、测量精确、使用方便等优点，所以在工程技术测量中得到广泛应用。电桥可分为直流电桥和交流电桥，物理实验中常使用直流电桥。直流电桥又分为惠斯通电桥（旧称单臂电桥）和开尔文电桥（旧称双臂电桥），惠斯通电桥主要用于测量中值电阻（$10\sim10^6\Omega$）；开尔文电桥适用于测量 10Ω 以下的低值电阻。本实验主要介绍惠斯通电桥。

实验目的

1. 理解并掌握惠斯通电桥测定电阻的原理和方法。
2. 学习用滑线式惠斯通电桥测量电阻。
3. 熟练掌握箱式惠斯通电桥的使用方法。

实验原理

1. 惠斯通电桥的工作原理

惠斯通电桥的基本电路如图 4.6-1 所示。$R_1(R_x)$、R_2、R_3、R_4 组成一四边形 $ABCD$，每条边称为电桥的一个桥臂，在四边形的对角 A 和 C 之间接有直流电源 E，在另一对角 B 和 D 之间接上检流计 G 和保护电阻 R_G。电桥的“桥”就是指 BD 这条对角线，其作用就是比较“桥”两端 B 点和 D 点的电位。

测量时，桥臂 AB 通常接待测电阻 R_x，其余桥臂上接可以调节的标准电阻，调节 R_2、R_3 和 R_4 使 B 和 D 两点电位相等，此时电桥平衡，电桥平衡时有

$$I_1R_1=I_4R_4,\ I_2R_2=I_3R_3,\ I_1=I_2,\ I_3=I_4$$

从而可得$\dfrac{R_1}{R_2}=\dfrac{R_4}{R_3}$，即

$$R_x(R_1)=\frac{R_4}{R_3}R_2 \quad 或 \quad R_x=\frac{R_2}{R_3}R_4 \qquad (4.6\text{-}1)$$

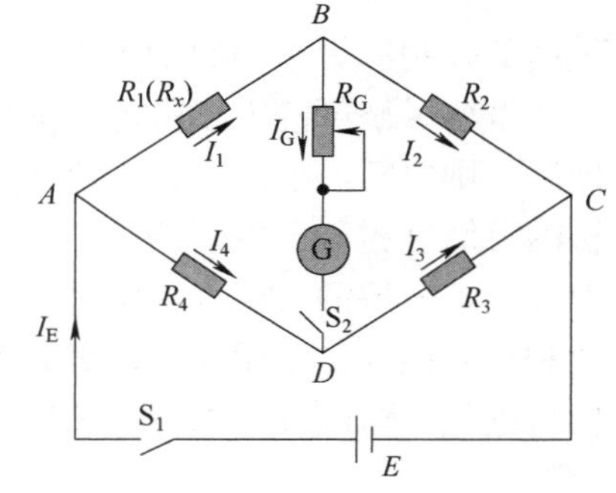

图 4.6-1　惠斯通电桥原理电路

式中，R_4/R_3（或 R_2/R_3）称为电桥的倍率，相应电阻所在的桥臂称为比例臂；而 R_2（或 R_4）则是用来与 R_x 进行比较的电阻，所在的桥臂称为比较臂。电桥法测电阻，实际上是用比较法进行测量的，被测电阻 R_x 等于倍率乘比较臂的电阻值。

调节电桥达到平衡有两种方法，一种是选定倍率 R_4/R_3 为某值，只调节比较臂上的电阻 R_2 使电桥达到平衡；另一种方法是选定比较臂 R_2 为定值不变，调节倍率 R_4/R_3 的比值从而使电桥达到平衡。第一种测量方法的精度较高，是实际测量中常用的方法。

由式（4.6-1）可知，被测电阻 R_x 的准确程度取决于 R_4/R_3 和 R_2 的准确程度，若保持 R_4/R_3 不变，把 R_2 和 R_x 的位置互相交换（图 4.6-1），再调节 R_2 使电桥平衡，测得 R_2'，则

$$R_x=\frac{R_3}{R_4}R_2' \qquad (4.6\text{-}2)$$

联立式（4.6-1）、式（4.6-2）可得

$$R_x=\sqrt{R_2R_2'} \qquad (4.6\text{-}3)$$

由于式（4.6-3）中 R_x 与 R_4、R_3 无关，因此消除了因比例臂 R_4、R_3 的数值不准而引起的系统误差。这种将测量中的某些元件相互交换位置，从而抵消系统误差的方法，是处理系统误差的基本方法之一，称为交换法。

2. 电桥的灵敏度

关系式 $R_1R_3=R_2R_4$ 在电桥平衡时才能成立，实验中，电桥是否平衡是靠检流计指针是否指零来判断的，而检流计本身的灵敏度总是有限的，因此，电桥平衡与检流计灵敏度有关。假如在倍率 $R_4/R_3=1$ 时调节电桥平衡，则有 $R_x=R_2$，若将 R_2 改变一个微小量 ΔR_2，则电桥失去平衡，应有电流 i_g 流过检流计，使指针发生偏转。但如果 i_g 小到使检流计指针几乎不偏转，观察者就会认为电桥仍是平衡的，于是得出 $R_x=R_2+\Delta R_2$ 的测量结果，ΔR_2 就是由于检流计灵敏度不高带来的测量误差。为此引入电桥灵敏度 S，其定义式为

$$S=\frac{\Delta n}{\Delta R_2/R_2} \tag{4.6-4}$$

写成普遍表达式为

$$S=\frac{\Delta n}{\Delta R/R} \tag{4.6-5}$$

式中，ΔR 为电桥平衡后比较臂电阻 R 的微小变化量；Δn 是电桥失去平衡而引起的检流计指针的偏转格数。S 越大，电桥越灵敏，测量误差就越小。例如 $S=100$ 格，可改写为 $S=1$ 格/1%，表示当 R 改变 1%时，检流计指针可有 1 格的偏转，而人眼通常可以分辨 1/10 的偏转，也就是说，电桥平衡后，R 只要有 0.1%的改变我们就能觉察出来，因此，该电桥因灵敏度的限制所带来的测量误差应小于 0.1%。

电桥灵敏度的大小由电源电压、检流计内阻和桥臂电阻决定。电源电压高，检流计灵敏度高，则电桥灵敏度高；检流计的内阻大，桥臂电阻大，则电桥灵敏度低。从理论上讲，电桥的灵敏度越高，电桥的平衡能够判断得越精确，测量结果的不确定度就能够控制得越小。但实际上电桥的灵敏度也不是一味越高越好，灵敏度越高，调节平衡花费的时间越长，稳定性和重复性差，不便操作。因此要根据实际具体情况合理选择电源电压、检流计以及相应的桥臂电阻，适度提高电桥灵敏度的同时兼顾实验要求。

实验仪器

本实验提供的主要器材有直流稳压电源、直流检流计、保护电阻、数字万用表、电阻箱、待测电阻、滑线式惠斯通电桥、QJ23 型箱式惠斯通电桥等。

1. 滑线式惠斯通电桥

滑线式惠斯通电桥如图 4.6-2 所示，画有斜线部分为铜片，作连接之用，G 为检流计，R_G 为检流计的保护电阻，AC 之间的米尺上为均匀电阻丝，D 为滑动刀口，刀口未按下时，检流计电路不通，故刀口具有开关作用。按下刀口 D_1（或 D_2），刀口位置可由下面的米尺读出，同时刀口又把粗细均匀的电阻丝分为左、右两段，故有 $R_4/R_3=L_4/L_3$，电桥平衡时，有

$$R_x=\frac{L_4}{L_3}R_2 \tag{4.6-6}$$

2. QJ23 型箱式惠斯通电桥

将组成电桥的各元件组装在一个箱子内，成为便于携带、使用方便的箱式电桥。QJ23

型箱式惠斯通电桥广泛应用于物理实验教学，其面板如图 4. 6-3 所示。使用时，当待测电阻超过 50kΩ 时，或在测量中转动比较臂最小一档转盘（×1 档），已难分辨检流计的指针偏转，此时需外接高灵敏的检流计，以提高测量结果的准确性。

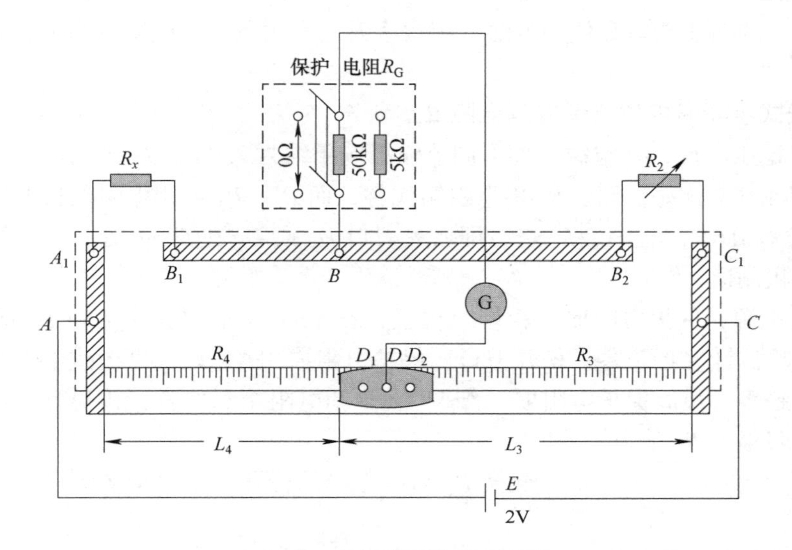

图 4. 6-2　滑线式惠斯通电桥

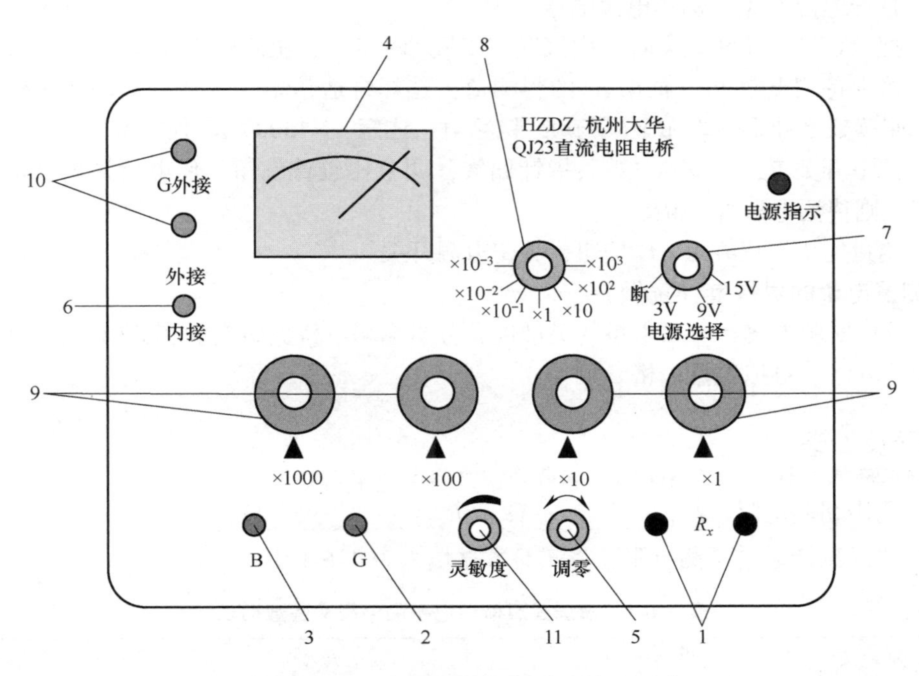

图 4. 6-3　QJ23 型箱式惠斯通电桥面板图

1—待测电阻接线柱　2—检流计按钮　3—电源按钮　4—检流计　5—检流计调零旋钮
6—检流计内外接选择　7—电源选择　8—倍率　9—比较臂旋钮　10—外接检流计接线柱　11—灵敏度调节旋钮

实验内容

1. 粗测电阻

掌握万用表的功能选择和使用方法，用数字万用表粗测待测电阻的阻值，初步知道待测电阻的大小。

2. 用滑线式惠斯通电桥测量待测电阻 R_{x1} 和 R_{x2}

(1) 打开稳压电源，在空载条件下调节输出电压约为2.0V，关闭电源。

(2) 按图4.6-2连好线路，R_2 用电阻箱代替，而 R_4、R_3 可用电阻丝长度代替。

(3) 取倍率 $M=R_4/R_3=L_4/L_3=1$，即放置刀口 D_1 或 D_2 在50cm处，并预置电阻箱的示值 R_2 为 R_x 的粗测值。

(4) 打开电源，保护电阻取"粗调"位置，在50cm处轻轻按下刀口 D_1 或 D_2，调节电阻箱示值，使检流计趋近于零；松开刀口，保护电阻取"中调"，再次按下刀口，调节电阻箱，使检流计趋零，最后保护电阻取"细调"，微调电阻箱示值直至检流计指零，此时电桥平衡，记下电阻箱上 R_2 值。

保持倍率 $M=R_4/R_3=1$ 不变，交换 R_x 与电阻箱的位置，重复上述调节使电桥平衡，记下 R_2' 值。

3. 用QJ23型箱式惠斯通电桥测量待测电阻 R_{x1} 和 R_{x2}

(1) 打开电源开关，选择电源电压为3V。

(2) 把"G"选择开关拨向"内接"，调节"调零"旋钮使检流计指零。

(3) 接上待测电阻 R_x，根据 R_x 的粗测值，选择合适倍率 M，然后转动比较臂 R_4 上四个旋钮，使读数之和乘倍率 M 约等于 R_x 粗测值。**注意：×1000档不能为0。**

(4) 按下开关B，点按G，观察指针偏转，调节比较臂旋钮，使电桥平衡，记下 R_4 的总读数值，则待测电阻 $R_x=MR_4$。

(5) 测量完毕，松开B、G按钮，关闭电源开关。

4. 测量电桥的灵敏度（选做）

合理设计实验方案，测量电桥的灵敏度，分析影响电桥灵敏度的相关因素，探索提高电桥灵敏度的方法。自拟数据表格。

实验数据及处理

1. 万用表粗测电阻 R_{x1}__________Ω，$R_{x2}=$__________Ω。

2. 滑线式惠斯通电桥测电阻，将实验数据填入表4.6-1中。

表4.6-1 滑线式惠斯通电桥测电阻实验数据表

待测电阻	R_2	R_2'	$R_x=\sqrt{R_2R_2'}$
R_{x1}			
R_{x2}			

由 $R_x=\sqrt{R_2R_2'}$ 求出待测电阻的阻值，用不确定度合成公式求出 U_{R_x}，并写出测量结果的

表达形式。

R_x 的不确定度可按下式计算：

$$U_{R_x} = \frac{R_x}{2}\sqrt{\left(\frac{U_{R_2}}{R_2}\right)^2 + \left(\frac{U_{R'_2}}{R'_2}\right)^2} \tag{4.6-7}$$

式中，U_{R_2}、$U_{R'_2}$ 表示电阻箱示值分别为 R_2 和 R'_2 时所对应的电阻不确定度。因实验中 R_2、R'_2 为单次测量，故不确定度就是电阻箱的仪器误差，其仪器误差为

$$\Delta R = \sum a_i\% R_i + 0.002m \quad (\Omega)$$

式中，a_i 为电阻箱各转盘的准确度等级（见标牌）；R_i 是调节后各转盘的示值；第二项是由转盘的接触电阻引起的误差；m 是指接入电路的转盘数。

3. QJ23 型箱式惠斯通电桥测电阻，将实验数据填入表 4.6-2 中。

表 4.6-2　QJ23 型箱式惠斯通电桥测电阻实验数据表

待 测 电 阻	倍率 M	比较臂电阻 R_4	$R_x = MR_4$
R_{x1}			
R_{x2}			

由 $R_x = MR_4$ 求出电阻值，用不确定度计算公式求出 U_{R_x}，并写出测量结果的表达形式。

箱式电桥中，比例臂和比较臂的误差均已表示在电桥的准确度等级内，若不考虑电桥的灵敏度带来的误差，其仪器误差为

$$\Delta R_x = M(a\% R_4 + b\Delta R_4) \ (\Omega)$$

式中，a 为箱式电桥的准确度等级；b 为固定系数；ΔR_4 为比较臂 R_4 的最小步进值。本实验中，$a=0.2$，$b=1$，$\Delta R_4 = 1\Omega$，又因单次测量，故测量结果的不确定度 $U_{R_x} = \Delta R_x$。

注意事项

1. 电学实验操作过程中注意用电安全，电路连接完毕经检查无误后方可打开电源开关。
2. 用 QJ23 型箱式惠斯通电桥测量电阻时，应长按 B，点按 G，以保护检流计。

分析与思考

1. 试证明惠斯通电桥平衡时，四个桥臂的阻值应满足 $R_1R_3 = R_2R_4$。
2. 若惠斯通电桥中有一个桥臂断开（或短路），电桥是否能调到平衡状态？若实验中出现该故障，则调节时会出现什么现象？
3. 在实际操作电桥测电阻时，总是要先预置仪器上的数值大致等于被测电阻的阻值，为什么要这样做？

实验 4.7　电位差计的原理及应用

电池的发明人——伏特

亚历山德罗·伏特（A. Volta，1745—1827），意大利物理学家，因在1800年发明伏特电池而出名。

在电学中有三种表示电的单位名称：安培、欧姆和伏特。它们都是以发明者的姓氏命名的，以纪念他们对人类做出的伟大贡献。其中，电位差的单位名称“伏特”，就是以亚历山德罗·伏特的姓氏命名的。

1745年2月18日，亚历山德罗·伏特出生于意大利米兰的一个贵族家庭。自从在学校读书后，他就对自然科学十分感兴趣。在24岁时，由于发表了一篇学术论文，引起了学术界的注意。29岁时，他就任科莫皇家学校的物理教授。几年后，他又担任了帕多瓦大学的校长。

伏特很早就开始了电学的研究。1780年，意大利的一位解剖学教授偶然发现做实验的青蛙腿因与金属相连，只要在雷雨来临时，蛙腿就会发生痉挛。几年后又发现只要是两种不同的金属组成的环与蛙腿相接，也会产生痉挛现象。伏特听到这一消息，决心揭开“青蛙实验”的秘密。经过多次的实验，伏特有了新突破，终于打开了电学的大门。他发现不用动物也可以产生电流，并于1800年展示了第一个电池——伏特电池，当时又称伏打电堆。它是用锌片和银片相间叠在一起，中间加有浸透了盐水的布片。不久，伏特又做了改进，将铜片与锌片放在盛有稀硫酸的容器中，并将几个这样的容器连接起来，成为“伏特电池”。伏特电池的发明，改变了电学的面貌，使科学家们有了持久的电流源，为人们提供了电能应用的可能性。当伏特电池传到英国时，许多科学家继续进行实验、观察，促进了电化学的诞生和电磁场理论的确立。后来，伏特又发明了电位序、验电器、储电器及起电盘等，使电学研究又迈上了一个新台阶。

人们为了纪念伏特在物理学方面的伟大贡献，用他的姓氏作为电动势、电位差（电压）的单位名称，定名为“伏特”，简称“伏”。由于杰出的科学成就，伏特被选为英国皇家学会会员及法国科学院院士。

电位差计是精确测量电位差或电源电动势的常用仪器。其突出优点是当用它来进行测量时，无须从被测电路中吸取任何能量，故不会改变被测电路的状态。由于它应用了补偿原理和比较测量法，所以测量准确度较高、测量结果稳定可靠，常被用来精确地间接测量电流、电阻、电功率和校准各种精密电表。

实验目的

1. 掌握补偿法测量电压的原理和十一线电位差计的使用方法。
2. 了解电位差计的工作原理。
3. 学会用电位差计测干电池电动势和内阻。

实验原理

1. 补偿原理

把普通电压表接到电池的两极上，电池中便有电流流过，用电压表测出的只是电池的端电压，而不是电池的电动势，当电压表内阻很大时，测量值接近于电动势。同样，用普通电压表测量一段电路两端的电位差时，由于电表的接入，总要从被测电路中分出一部分电流，从而改变了被测电路的工作状态，测得的也只是近似值。为了精确地测量电动势和电位差，可采用由补偿原理制成的电位差计。

补偿原理可用图 4. 7-1 所示的电路说明。E_x 是待测电动势的电源，E_0 是电压可调的电源，调节 E_0 使检流计 G 中的电流为零，此时 $E_x=E_0$，即 E_x 与 E_0 互相补偿。若 E_0 能准确读出，则可求出 E_x。可见，要精确测量 E_x，E_0 必须满足下列条件：①它的大小可调节；②它的电压稳定，并能准确读数。在实际中 E_0 常用分压方式获得。

图 4. 7-1　补偿原理

2. 电位差计原理

如图 4. 7-2 所示为电位差计的原理图，R_P 为可变电阻，称为工作电流调节电阻，E 和 R_P 串联后向分压器供电。通过调节 R_P，可使加在分压器 AB 两端的电压保持不变，从而保证 AB 间的电压标度不变（稳定）。如何对 AB 间的电压进行标度呢？这就需借助一个精度更高、数值已知的标准电动势 E_s。将转换开关推向 E_s，然后将分压器的 M 端和 N 端调到合适位置，使 MN 之间的电压接近 E_s 的电动势，若检流计中有电流通过，应调节 R_P 使检流计指针为零，此时 U_{MN} 与 E_s 互相补偿，即两者电压相等。若 E_s 的电动势已知，并且 AB 之间的长度已由标尺事先标定好，则可通过长度比例关系得到 AB 间的电压大小。将转换开关推向 E_x 测量其电动势时，只需改变 MN 的长度使 U_{MN} 与 E_x 补偿，再通过长度比例关系即可计算得到 E_x。

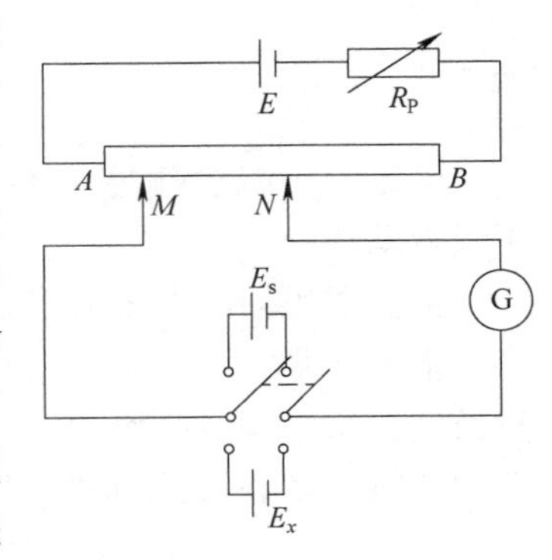

图 4. 7-2　电位差计原理

如果把图 4. 7-2 中电阻 AB 段用一根粗细均匀、长度为 11m 的电阻丝来代替（通常用电阻温度系数很小的康铜丝），就构成了十一线电位差计，如图 4. 7-3 所示。电阻丝 AB 分成 11 段，每段 1m，其中从 0 到 10 间的 10 段是不连续改变的，由活动插头 M 的位置来选择，

从 O 到 B 之间这一段附在米尺上，滑动头 N 的位置可在其上连续变化。这样 MN 间的电阻丝长度 l_{MN} 就等于 l_{MO} 与 l_{ON} 长度之和。测量方法如下面所述。

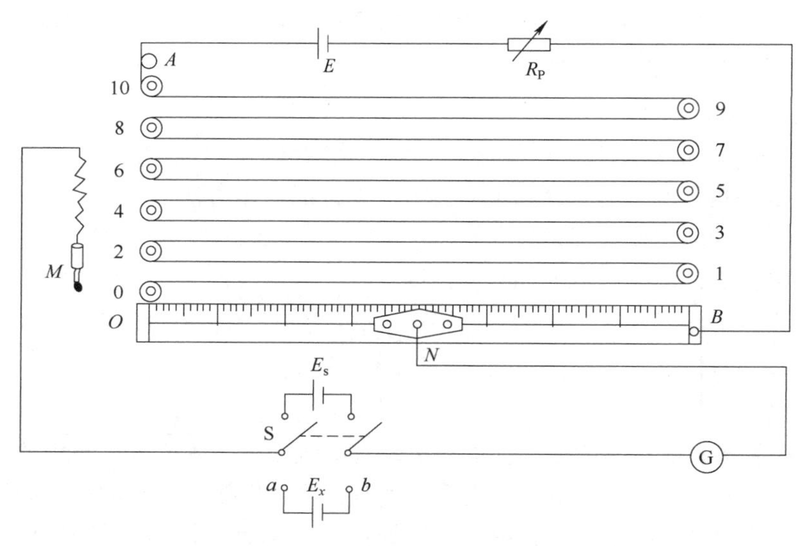

图 4.7-3　十一线电位差计

首先，根据测量的需要预先判断 AB 间的电压设定为多少较为合适，即先设定 AB 间电阻丝上单位长度的电压 U_0'（$U_0'=\frac{U_{AB}}{11}$）。其次，利用电压补偿时的关系 $E_s=U_0'l_s'$，预置两个滑动头 M、N 的位置，使 M、N 之间的长度为 l_s'，实验中标准电池 E_s 的电动势由实验室给出。接通 E_s 后，调节 R_P，尽量使通过检流计的电流为零，若检流计指零不好控制，可适当调节滑动头"N"点位置使检流计指零，此时 M、N 之间的长度为 l_s，电压 U_{MN} 与标准电池 E_s 互相补偿，则有

$$U_0=\frac{E_s}{l_s} \tag{4.7-1}$$

确定 U_0 的过程即为电位差计的定标过程，只有经过定标后的电位差计才能用来测量电压或电动势。

保持电源输出电压 E 和 R_P 的大小不变，即上述 U_0 的大小不变，接通 E_x 并测量其电动势。根据待测电动势大小，可以估算 U_{MN} 与 E_x 补偿时对应的 MN 的长度。测量时，根据估算长度，适当调节两滑动头 M 和 N 位置，使检流计中电流为零，即电压 U_{MN} 与 E_x 互相补偿。此时，M 和 N 之间的长度记为 l_x，则有

$$E_x=U_0l_x \tag{4.7-2}$$

实验仪器

本实验提供的主要器材有直流稳压电源、滑线变阻器、检流计、十一线电位差计、三用表、保护电阻、待测干电池、标准电池等。

实验内容

按图 4.7-3 连接电路，其中稳压电源 E、可变电阻 R_P，以及电位差计 A、B 间 11m 长的电阻丝构成工作电流回路；而电位差计 M、N 间的电阻丝、检流计，通过转换开关 S 与 E_s 相接便构成定标回路；若与 E_x 相接则构成测量回路。接线时应特别注意稳压电源 E 与标准电池 E_s 或待测电池 E_x 的极性按“+”接“+”的连接方式。

1. 定标

（1）参数选择

根据待测干电池的电压值（约为 1.5V），设定电位差计的量程即 AB 间的电压 $U'_{AB}\approx$ 2.0V；再用三用表测出 AB 间电阻丝的电阻值 R_{AB}，实验室提供的滑线变阻器 R_P 的总电阻为 70Ω，由此确定稳压电源的输出电压 E，记录所需数据。

（2）定标

1）由 $U'_0=U'_{AB}/l_{AB}$ 及 $l'_s=E_s/U'_0$ 大致得到 l_s 的值，然后设置 M、N 位置，使 $\overline{MN}=l'_s$（如选取 $U'_0=0.18000\text{V/m}$，则 $l'_s=E_s/U'_0=$（1.01860/0.18000）m=5.6589m，此时应把 M 插入孔“5”中，而 N 应位于米尺读数为 65.89cm 处）。

2）R_P 取中间位置，在开路状态下调稳压电源电压输出，调至所需电压，再连好回路。把 S 推向 E_s，轻轻按下 N，调节 R_P 使检流计趋于零，略微移动 N 在米尺上的位置，直至检流计指针为零。此时，M、N 的位置读数即为 l_s 的实际值，记下 l_s 的值。由此可得到定标后 U_0 的实际值。

3）求出 A、B 间电压值，同时记下稳压电源的输出电压值。将实验相关数据填入表 4.7-1 中。

2. 测干电池的电动势

（1）用三用表测出待测电池的端电压，根据定标后的 U_0 值估算 l_x 的值，调整 M、N 位置使 M、N 之间的长度约等于 l_x 的估算值。

（2）将 S 推向 E_x，适当调节 M、N 位置，使检流计指针为零（注意：不能再动 R_P 与 E），最终测出 l_x 的准确值，重复测量 6 次，将实验数据填入表 4.7-2 中。

3. 测干电池内阻（选做）

将图 4.7-3 中的 a、E_x、b 换成图 4.7-4 所示的线路，其中 R_s 为 100.0Ω 的标准电阻。合上开关 S_1，由于内阻的存在，此时 a、b 间电压为干电池的端电压 U，用测量 E_x 的同样方法测量 U，得补偿时电阻丝的长度为 l'_x，则干电池的内阻为

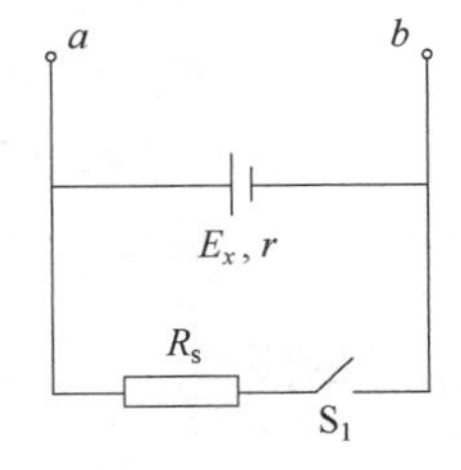

图 4.7-4　测量内阻

$$r=\left(\frac{l_x-l'_x}{l'_x}\right)R_s \tag{4.7-3}$$

实验时 l'_x 同样要测量 6 次（注意：不测 l'_x 时，开关 S_1 不能合上）。然后利用式（4.7-3）求出干电池的内阻 r（不要求计算不确定度 U_r）。数据表格自拟。

实验数据及处理

1. 定标

表 4.7-1 实验数据表

设计值			实际值				
U'_{AB}/V	U'_0/（V/m）	l'_s/m	R_{AB}/Ω	l_s/m	U_0/（V/m）	U_{AB}/V	E/V

2. 测量

表 4.7-2 实验数据表

n	1	2	3	4	5	6	$\bar{l}_x$
l_x/m							

当视 E_s 为准确值时，干电池电动势的不确定度为

$$U_{E_x}=\overline{E}_x\sqrt{\left(\frac{U_{l_s}}{l_s}\right)^2+\left(\frac{U_{l_x}}{l_x}\right)^2} \tag{4.7-4}$$

根据式（4.7-2）和式（4.7-4）计算 $\overline{E}_x$ 和 U_{E_x}（取 $U_{l_s}=1\text{mm}$），写出实验结果。

注意事项

1. 标准电池是一种标准量具，决不允许短路或作一般电源使用！它允许通过的电流不宜超过 1μA，否则会影响标准电池的精度。电位差计中设置的保护电阻不仅是为了保护检流计，也是为了保护标准电池。因此在电位差计尚未接近补偿时，切不可将保护电阻置于细调（短路）位置。另外不得用三用表直接测量标准电池的电动势。

2. 十一线电位差计测量时，必须先接通工作电流回路，然后接通定标（或测量）回路。断电时，应先断开定标（测量）回路，后断开工作电流回路。

分析与思考

1. 电位差计具有很高的准确度和灵敏度，与电路中的哪些元件关系密切？
2. 如果实验中发现检流计总往一边偏，无法调到平衡，试分析可能有哪些原因？
3. 根据式（4.7-3）推导内阻测量不确定度的计算公式。

实验 4.8 示波器的调节与使用

卡尔·费迪南德·布劳恩与示波器

卡尔·费迪南德·布劳恩（K. F. Braun，1850—1918），德国物理学家，1909 年诺贝尔物理学奖获得者，阴极射线管的发明者。

布劳恩制造了第一个阴极射线管（缩写 CRT，俗称显像管）示波器。现在 CRT 被广泛应用在电视机和计算机的显示器上，在德语国家，CRT 仍被称为“布劳恩管”。

第一个阴极射线管诞生在 1897 年的德国卡尔斯鲁厄。布劳恩在抽成真空的管子一端装上电极，从阴极发射出来的电子在穿过通电电极时，因为受到静电力影响聚成一束狭窄的射线，即电子束，称为阴极射线，管子侧壁分别摆放一对水平的和一对垂直的金属平行板电极，水平的电极使得电子束上下垂直偏转运动，垂直的电极使得电子束左右水平偏转运动。管子的另一端均匀地涂上一层硫化锌或其他矿物质细粉，做成荧光屏，电子束打在上面可以产生黄绿色的明亮光斑。随着侧壁上摆放的平行板电极电压的变化，电子束的偏转也随之变化，从而在荧光屏上形成不同的亮点，称为“扫描”。荧光屏上光斑的变化，呈现了控制电子束偏转的平行板电极电压的变化，也就是所研究电波的波动图像，这是示波器的雏形和基础，它使得对电波的直观观察成为可能。

但是，布劳恩最初设计的阴极射线管还不十分完美，它只有一个冷阴极，管子也不是完全真空，而且要求十万伏特的高压来加速电子束，才能在荧光屏上辨认出受偏转影响后的运动轨迹。此外，电磁偏转也只有一个方向。但是工业界很快对布劳恩的这个发明产生了兴趣，这使得阴极射线管得到了很好的继续发展。1889 年，布劳恩的助手泽纳克（Zenneck）为阴极射线管增加了另一个方向的电磁偏转，此后又相继发明了热阴极和高真空。这使得阴极射线管不仅可以用在示波器上，而且从 1930 年起成为显示器的重要部件，为后来电视、雷达和电子显微镜的发明奠定了重要基础，如今仍被广泛应用于计算机、电视机和示波器等的显像器上。

示波器是一种用途广泛的电子仪器，它可以直接观察电信号的波形，测量电压的幅度、周期（频率）等参数。用双踪示波器还可测量两个电压之间的时间差或相位差。配合各种传感器，它可用来观测非电学量（如压力、温度、磁感应强度、光强等）随时间的变化过程。

实验目的

1. 学会数字示波器的操作使用。
2. 掌握用示波器观察电信号的波形和李萨如图形的方法。
3. 学习数字示波器的测量方法。

实验原理

1. 示波器的基本结构及工作原理

示波器的核心功能就是把被测信号的实际波形显示在屏幕上，以供使用者测量信号参数、查找定位问题或评估系统性能等。它的发展经历了模拟和数字两个时代。

（1）模拟示波器的基本结构和工作原理

模拟示波器的工作方式是直接测量信号电压，通过扫描，使电子束在示波器屏幕上描绘信号电压。其基本结构主要包括示波管、扫描电路、同步触发电路、X 轴和 Y 轴放大器、电源等部分。示波管是示波器的心脏，主要由安装在高真空玻璃管中的电子枪、偏转系统和荧光屏三部分组成。电子枪用来发射一束强度可调且能聚焦的高速电子流。偏转系统由垂直（Y）偏转板和水平（X）偏转板组成，在偏转板上加适当电压，电子束通过时运动方向发生偏转，在荧光屏上产生的光点位置随之改变。扫描工作模式下，Y 偏转板加待测信号，X 偏转板加扫描信号（周期性锯齿波信号），当扫描信号的周期与待测信号的周期呈整数倍关系时，荧光屏呈现稳定的待测信号波形。

（2）数字存储示波器的基本结构和工作原理

数字存储示波器（简称数字示波器）以微处理器系统（CPU）为核心，再配以数据采集系统、显示系统、时基电路、面板控制电路、存储器及外设接口控制器等组成，其模块化示意图如图 4. 8-1 所示。与模拟示波器不同，输入的模拟信号首先进行放大或衰减变成适合于数据采集的模拟信号，随后将连续的模拟信号通过取样保持电路离散化，经 A/D 变换器把模拟信号转换为数字信号，并进行存储。通过 CPU 将这些数据定速读出，通过显示电路将其还原成连续的模拟信号，并在显示器上显示出来。除了显示波形，还可通过 CPU 对采集到的波形数据进行各种运算和分析，并将结果显示在显示器上。

2. 示波器的基本应用

（1）基本操作

1）水平系统调节　在示波器的顶端有“Horizontal”水平系统调节。

比较大的旋钮是水平定标旋钮，它设定屏幕上水平方向一格所代表的时间多少，单位：时间单位/格。较小的旋钮是水平位置调节，控制屏幕图像的左右移动。

2）垂直系统调节　靠近面板下方浅灰色区域“Vertical”垂直系统调节。

我们所使用的示波器为双踪示波器，有两对垂直系统调节旋钮，分别对应 1 信道和 2 信道。较大的旋钮是垂直定标旋钮，它设定屏幕上垂直方向一格所代表的电压多少，单位：电压/格。较小的旋钮是垂直位置调节，控制屏幕图像的上下移动。中间数字按钮控制信号的接入与断开，点亮为信号输入，熄灭为信号断开。

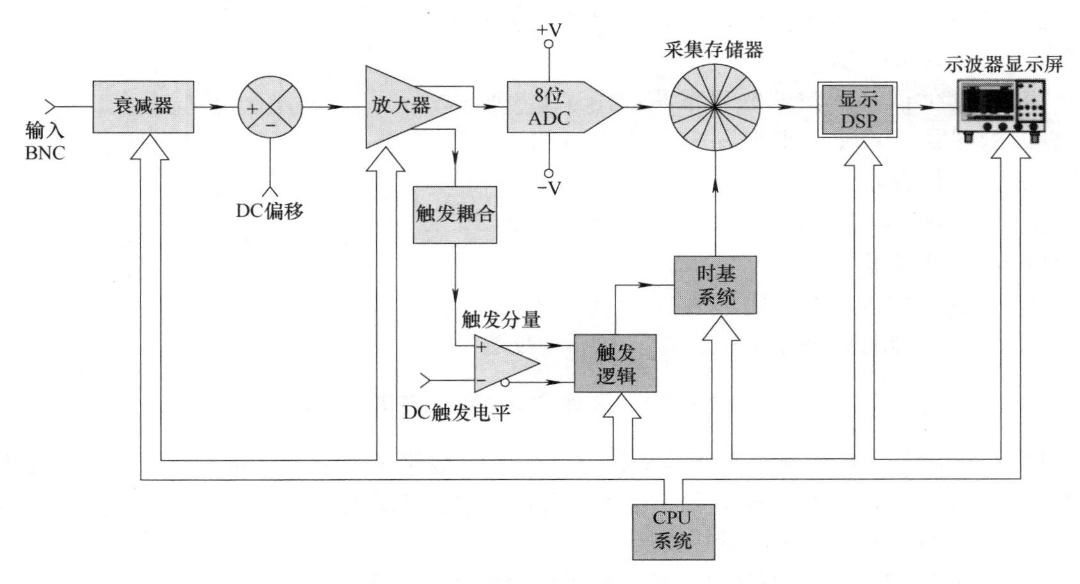

图 4. 8-1　数字示波器模块化示意图

3）触发系统调节　触发系统调节在面板的右侧。触发调节是示波器非常重要的一个参量设置。

我们可以把触发看作同步照相。数字示波器每秒采集上万幅信号图像，为了看清波形，显示的图像必须和一些特征同步。这些特征是信号时间上某一特殊的点，或者是复杂信号中某一布尔值。如图 4. 8-2 所举的例子，方框内为 3 次成功采集的屏幕图像，触发设置为上升沿正电平，虚线为触发电平值位置。

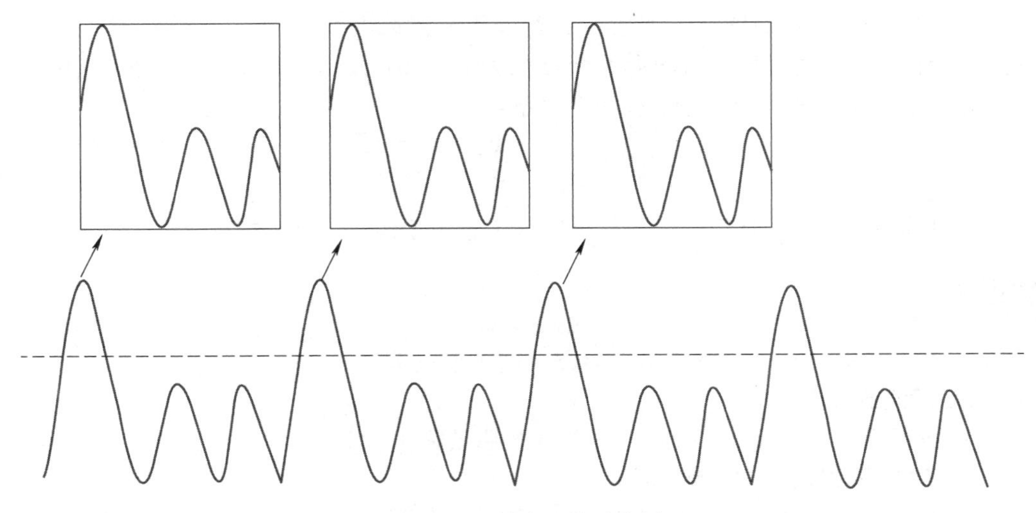

图 4. 8-2　触发工作示意图

4）万能旋钮　在屏幕右侧，有个“Entry”万能旋钮。通过这旋钮可以改变屏幕右边灰色区域的参数。

（2）信号测量

1）自动测量　使用“Auto Scale”功能，直接读取屏幕下方显示的参数。

2）屏幕估读　示波器的显示是如图 4.8-3 所示 XY 方向的图像。X 轴（水平方向）代表时间。Y 轴（垂直方向）代表电压。

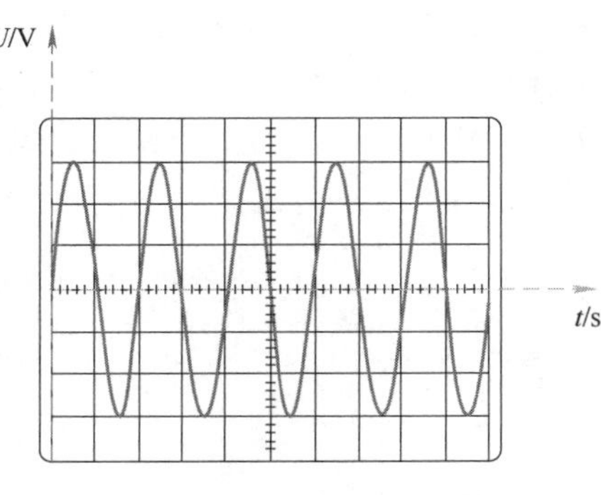

图 4.8-3　正弦波信号显示示例

读出信号峰峰间在屏幕上垂直方向所占格数 D_Y，可得电压信号峰峰值

$$U'_{\text{p-p}}=D_Y(\text{DIV})\times \text{垂直定标值}(\text{V/DIV}) \quad (4.8\text{-}1)$$

读出 n 个周期波形的水平格数 D_X，可得周期为

$$T'_{\text{s}}=\frac{1}{n}D_X(\text{DIV})\times \text{水平定标值}(\text{TIME/DIV}) \quad (4.8\text{-}2)$$

3）光标测量　光标测量类似屏幕估读，但无须数格子相乘。光标是水平和垂直的标记，表示所选波形源上的 X 轴值和 Y 轴值。我们可以使用光标在示波器信号上进行自定义电压测量、时间测量、相位测量或比例测量。

4）全部快照功能　选择该功能后，输入信号的所有参数会以图框的形式显示在示波器屏幕中。

（3）通过李萨如图形测量交流信号的频率

示波器处于 XY 工作模式，当 X 轴和 Y 轴均输入正弦电压信号时，LCD 屏上光迹的运动是两个相互垂直谐振动的合成。当两个正弦电压的频率成简单整数比时，合成轨迹为一稳定的曲线，称为李萨如图形。利用李萨如图形可以比较两个电压的频率。对图形作水平和竖直割线（两条割线均应与图形有最多的相交点），如图 4.8-4 所示，若设水平割线与图形的交点数为 N_X、竖直割线与图形的交点数为 N_Y，则 X、Y 轴上的电压频率 f_X、f_Y 与 N_X、N_Y 有如下关系：

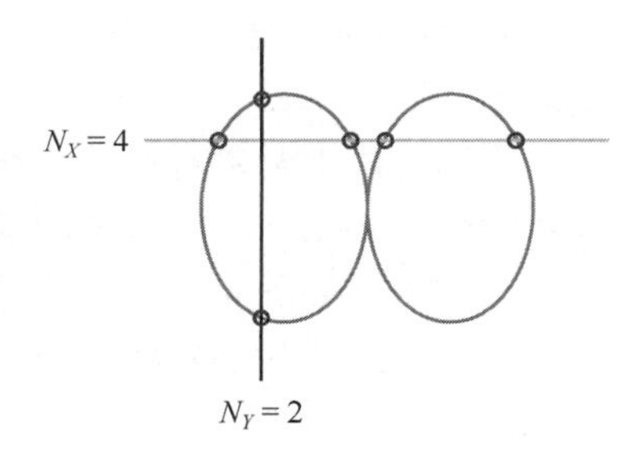

图 4.8-4　李萨如图形示例

$$\frac{f_X}{f_Y}=\frac{N_Y}{N_X} \quad (4.8\text{-}3)$$

因此，只要知道 f_X 或 f_Y 的其中一个，就可以求出另一个。

实验仪器

数字示波器、SDG1025 双路信号发生器、同轴缆线等。

1. 数字示波器简介

数字示波器面板如图 4.8-5 所示，各部件名称见图注。

2. SDG1025 双路信号发生器简介

SDG1025 双路信号发生器面板如图 4.8-6 所示，各部件名称见图注。

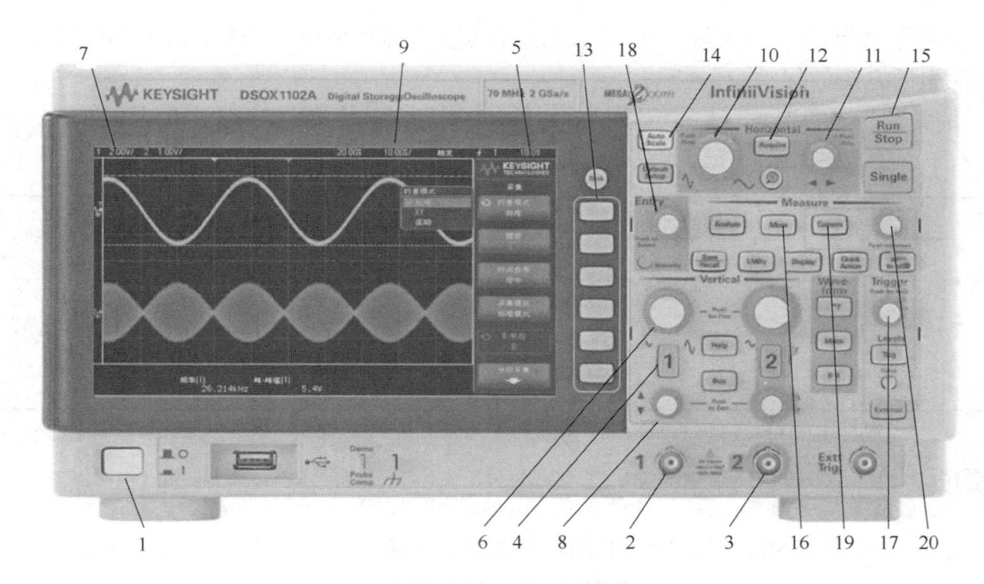

图 4.8-5　数字示波器面板图

1—电源开关　2—通道 1 输入：被测信号的输入端口，当仪器工作在 X-Y 方式时，此端输入的信号变为 X 轴信号　3—通道 2 输入：与 CH1 相同，但当仪器工作在 X-Y 方式时，此端输入的信号变为 Y 轴信号　4—CH1 通道开关　5—“触发电平”示值　6—垂直定标　7—“电压/格”示值　8—CH1 垂直位置调节　9—“时间/格”示值　10—水平定标　11—水平位置调节　12—采集［Acquire］　13—软键　14—自动定标［Auto Scale］　15—运行/停止　16—测量［Meas］　17—电平调节旋钮　18—万能旋钮［Entry］　19—光标［Cursors］　20—光标旋钮

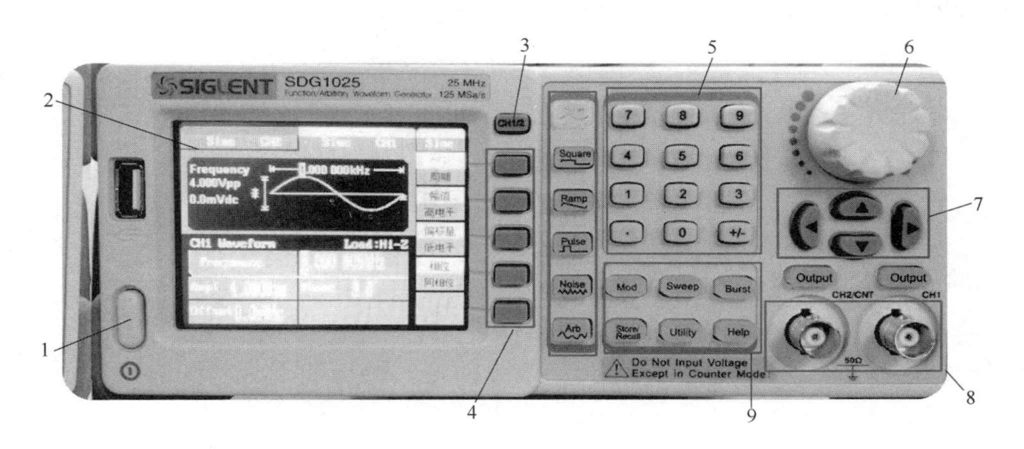

图 4.8-6　SDG1025 双路信号发生器面板图

1—电源开关　2—LCD 显示屏　3—通道切换　4—菜单软键　5—数字键　6—脉冲旋钮　7—方向键　8—信号输出端　9—模式辅助功能

实验内容

1. 实验前需详细阅读实验内容，了解示波器和信号发生器的面板结构，了解各种控制按键与旋钮的作用和操作说明。熟悉示波器的三个系统：垂直系统、水平系统和触发系统。

2. 学习示波器的四种测量方法：自动定标功能、屏幕估读、光标测量和全部快照功能。比较四种测量方法的优缺点。

3. 观察李萨如图形，了解信号间关系，将观察到的李萨如图形描绘在表 4. 8-1 中。

表 4. 8-1　李萨如图形（CH2：1kHz，0°）

	1		2		3		4		5	
CH1	1kHz	0°	1kHz	180°	1kHz	90°	500Hz	90°	3kHz	90°
图像描绘										

注意事项

1. 对于 U_{p-p} 大于 80V 的信号，必须打开探针的×10 开关，否则无法正常显示。
2. 实验时注意信号发生器和示波器的通道开关是否打开。

分析与思考

1. 说明数字示波器和模拟示波器的区别与各自优缺点。
2. 如何利用触发系统对复杂信号进行调节？
3. 光标模式下如何测量信号间的相位差？

实验 4.9　落球法测量液体的黏度

力学与工程学结合的优秀践行者——奥斯本·雷诺

奥斯本·雷诺（O. Reynolds，1842—1912），英国物理学家、力学家、工程师。1842 年 8 月 23 日雷诺生于北爱尔兰的贝尔法斯特，1867 年毕业于剑桥大学。毕业一年后出任曼彻斯特大学欧文学院的教授，成为英国第一位工程学教授。1877 年雷诺当选为皇家学会会员，1888 年获皇家奖章，这是当时至高无上的荣誉。

雷诺喜欢观察生活中的事物，思考科学问题，兴趣广泛，一生著作很多，其中近 70 篇论文都有很深远的影响。这些论文研究的内容包括力学、热力学、电学、航空学、蒸汽机特性等。雷诺在力学与工程学中做出了突出贡献，是将力学与工程学相结合的先驱，流体力学中广泛应用的雷诺数便是以他的姓氏来命名。为纪念他在力学研究中的重要贡献，1969 年在英国曼彻斯特举行了奥斯本·雷诺百年研讨会，以纪念雷诺把一生都奉献给了科学事业。

在物理学和工程学方面雷诺有诸多成就。他解释了辐射计的作用；做了热的力学当量的早期测定；研究了固体和液体的凝聚作用和热传导，从而引发了锅炉和凝结器的根本改造，还研究了涡轮泵，使它的应用得到迅速发展。

在研究的鼎盛时期，雷诺通过颗粒介质的特性开始了对液体性质的思考，又由液体引申到对流体力学的研究，从而在流体动力学上做出了极大贡献。1883 年，雷诺在其发表的论文——《决定水流为直线或曲线运动的条件以及在平行水槽中的阻力定律的探讨》中，用实验结果表明了水流分为层流与紊流两种形态，引入了雷诺数，用它来判别两种流态的标准，阐明了这个比数的作用。雷诺数是表征流动中流体惯性力和黏性力之比的一个无量纲量，为流动阻力的研究奠定了基础。在雷诺以后，分析有关的雷诺数成为研究流体流动，特别是层流向湍流过渡的一个标准步骤。

黏度是液体重要的物理性质之一，它反映了液体流动行为的特征，与液体的性质、温度和流速有关。对于液体黏度的研究和测量，在流体力学、化学化工、医疗、水利等领域具有重大意义。例如，在用管道输送液体时要根据输送液体的流量、压力差、输送距离及液体黏度等设计输送管道的口径。

测量液体黏度有多种方法，比如毛细管法、落球法、旋转法等。实验室中，对于黏度较小的液体（如水、乙醇、四氯化碳等）常用毛细管法测量；对于黏度较大的液体（如蓖麻油、甘油、变压器油等）常用落球法测量。落球法物理现象明显、原理直观、实验操作和训练内容较多，在理工科大学的大学物理实验教学中应用广泛。本实验用落球法测量蓖麻油的黏度。

实验目的

1. 用落球法测量不同温度下蓖麻油的黏度。
2. 练习用停表计时，用螺旋测微器测直径。

实验原理

液体的黏度是描述液体内摩擦力性质的一个重要物理量。液体的内摩擦力又称为黏性力，其大小与接触面面积以及接触面处的速度梯度成正比。它表征了液体反抗形变的能力，只有在液体内存在相对运动时才表现出来。黏度除了因材料而异之外还比较敏感地依赖于温度，通常液体的黏度随着温度升高而减小（气体的黏度正好相反）。例如蓖麻油在室温附近温度改变 1℃，其黏度值改变约 10%。因此，测定液体在不同温度的黏度有很大的实际意义，欲准确测量液体的黏度，必须精确控制液体温度。

1. 落球法测量液体黏度原理

流体在层流（即流体的分层流动状态）时，相邻的两个流层之间做相对滑动，形成一对阻碍两流层相对运动的等值而反向的摩擦力，叫作内摩擦力或黏性力。黏性力是由分子间的相互作用力引起的，液体的黏性力比气体大得多。

在层流中，黏性力的大小与从一层到另一层流速变化的快慢程度有关。假设流速变化最大的方向为 y 轴，流速在该方向上每单位间距上的增量为 $\mathrm{d}v/\mathrm{d}y$，即流速梯度。实验证明，黏性力 F_f 的大小与该处的流速梯度、两流层的接触面积 ΔS 成正比，即

$$F_f = \pm \eta \frac{\mathrm{d}v}{\mathrm{d}y}\Delta S \tag{4.9-1}$$

式中，比例系数 η 叫作动力黏度或黏度，单位为 Pa · s。常见液体的黏度见书后附表 B. 5。

若直径为 d 的小球在无限广延的均匀液体中以速度 v 下落，若小球很小，在液体中下落的速度不是很大，且在运动过程中不产生旋涡，则根据斯托克斯定律，小球受到的黏性力为

$$F_f = 3\pi\eta v d \tag{4.9-2}$$

同时，小球还受到重力 $P=\rho Vg$、浮力 $F=\rho_0 Vg$ 的作用，ρ 为小球密度，ρ_0 为液体密度，$V=\frac{1}{6}\pi d^3$ 为小球体积。由牛顿定律得

$$P - F - F_f = m\frac{\mathrm{d}v}{\mathrm{d}t}$$

即

$$\frac{1}{6}\pi d^3\rho g - \frac{1}{6}\pi d^3\rho_0 g - 3\pi\eta v d = \frac{1}{6}\pi d^3\rho\frac{dv}{dt} \tag{4.9-3}$$

小球刚落入液体时，速度较小，相应的黏性力也较小，小球做加速运动。随着小球运动速度的增加，黏性力也增加，最后三力达到平衡，小球做匀速运动，设此时小球的速度为 v_T，称为收尾速度（或极限速度）。即

$$\frac{1}{6}\pi d^3\rho g - \frac{1}{6}\pi d^3\rho_0 g - 3\pi\eta \quad v_T d = 0 \tag{4.9-4}$$

整理后得液体的黏度

$$\eta = \frac{(\rho - \rho_0)gd^2}{18v_T} \tag{4.9-5}$$

实验中，小球是在直径为 D、深度为 h 的圆柱形玻璃管中运动的，因而小球在下落过程中不能满足"液体在各向无限广延"的条件。考虑到容器壁的影响，当小球沿筒的中心轴线下落时，式（4.9-5）应修正为

$$\eta = \frac{(\rho - \rho_0)gd^2}{18v_T\left(1 + 2.4\frac{d}{D}\right)\left(1 + 3.3\frac{d}{2h}\right)} \tag{4.9-6}$$

由于 $d \ll h$，筒内液体深度对小球运动的影响可忽略，只考虑管壁对小球运动的影响，式（4.9-6）可写成

$$\eta = \frac{(\rho - \rho_0)gd^2}{18v_T\left(1 + 2.4\frac{d}{D}\right)} \tag{4.9-7}$$

式中，$\rho = 7.80\times10^3 \text{kg/m}^3$（钢球）；$\rho_0 = 1.26\times10^3 \text{kg/m}^3$（蓖麻油）；$g = 9.794 \text{m/s}^2$；$v_T$ 通过测量小球做匀速运动时经过距离 l 所用的时间 t 得到。

2. 雷诺数（*Re*）

以上讨论分析只限于流体层流的流动状态，随着液体流速的增大，液体的流动状态将会从层流逐步变为部分层流和湍流。导致流动状态变化的因素有很多，它与流体的密度、黏度和管道的线度有关，英国科学家雷诺综合各因素提出了一个条件参数——雷诺数 *Re* 来判断液体的流动状态。它是一个无量纲量，表示为

$$Re = \frac{v_T d\rho_0}{\eta} \tag{4.9-8}$$

如果考虑 *Re* 的影响，式（4.9-2）应为

$$F_f = 3\pi\eta v_T d\left(1 + \frac{3}{16}Re - \frac{19}{1080}Re^2 + \cdots\right) \tag{4.9-9}$$

式（4.9-9）称为奥西斯-果尔斯公式，括号内第二项和第三项分别为一级和二级修正项。实验结果表明，如果 $Re<0.1$，可用式（4.9-7）计算 η；若 $0.1<Re<1$，需考虑一级修正，即

$$F_f = 3\pi\eta v_T d\left(1 + \frac{3}{16}Re\right)$$

$$\eta_1 = \eta_0 - \frac{3}{16}v_T d\rho_0 \tag{4.9-10}$$

η_0 为式（4.9-7）的计算结果。若 $Re>1$，需考虑二级修正，即

$$f = 3\pi\eta v_T d\left(1 + \frac{3}{16}Re - \frac{19}{1080}Re^2\right)$$

$$\eta_2 = \frac{1}{2}\eta_1\left[1 + \sqrt{1 + \frac{19}{270}\left(\frac{\rho_0 v_T d}{\eta_1}\right)^2}\right] \tag{4.9-11}$$

η_1 为式（4.9-10）的计算结果。

3. PID 调节原理

PID 调节是自动控制系统中应用最为广泛的一种调节规律，自动控制系统的原理可用图 4.9-1 说明。

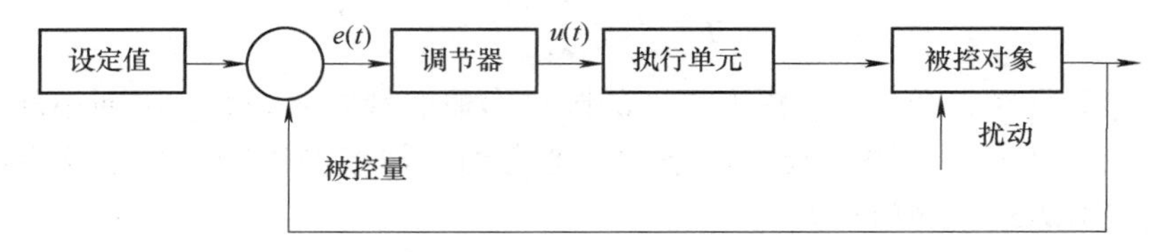

图 4.9-1　自动控制系统框图

假如被控量与设定值之间有偏差 $e(t)$ = 设定值 - 被控量，调节器依据 $e(t)$ 及一定的调节规律输出调节信号 $u(t)$，执行单元按 $u(t)$ 输出操作量至被控对象，使被控量逼近直至最后等于设定值。调节器是自动控制系统的指挥机构。

在温控系统中，调节器采用 PID 调节，执行单元是由晶闸管控制加热电流的加热器，操作量是加热功率，被控对象是水箱中的水，被控量是水的温度。

PID 温度控制系统在调节过程中温度随时间的一般变化关系可用图 4.9-2 表示，控制效果可用稳定性、准确性和快速性评价。

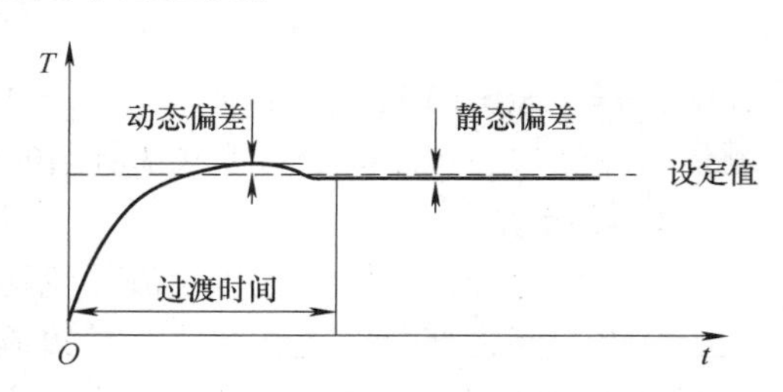

图 4.9-2　PID 调节系统过渡过程

系统重新设定（或受到扰动）后经过一定的过渡过程能够达到新的平衡状态，则为稳定的调节过程；若被控量反复振荡，甚至振幅越来越大，则为不稳定调节过程，不稳定调节过程是有害而不能采用的。准确性可用被调量的动态偏差和静态偏差来衡量，二者越小，准确性越高。快速性可用过渡时间表示，过渡时间越短越好。实际控制系统中，上述三方面指标常常是互相制约、互相矛盾的，应结合具体要求综合考虑。

由图 4.9-2 可见，系统在达到设定值后一般并不能立即稳定在设定值，而是超过设定值后经一定的过渡过程才重新稳定，产生超调的原因可从系统惯性、传感器滞后和调节器特性等方面予以说明。系统在升温过程中，加热器温度总是高于被控对象温度，在达到设定值后，即使减小或切断加热功率，加热器存储的热量在一定时间内仍然会使系统升温（降温有类似的反向过程），这称之为系统的热惯性。传感器滞后是指由于传感器本身热传导特性或是由于传感器安装位置的原因，使传感器测量到的温度比系统实际的温度在时间上滞后，系统达到设定值后调节器无法立即做出反应，产生超调。对于实际的控制系统，必须依据系统特性合理整定 PID 参数，才能取得好的控制效果。

实验仪器

主要器材有落球法变温黏度测量仪、开放式PID温控实验仪、停表、螺旋测微器等。

实验内容

1. 理论分析（要求在预习时完成）

（1）根据所掌握的力学知识，推导小球在液体中下落时的速度与时间的关系式，给出小球终极速度 v_T 的理论公式。讨论小球在液体中的初速度对终极速度和收尾过程的影响。

（2）以 $d=2.000\text{mm}$ 小球为例，不考虑初速度 v_0 的影响，估算在温度为30℃，当 $v=0.99v_T$ 时所需要的时间 t。其中蓖麻油的黏度 η 由书后附表B.5取值。

2. 测定小球直径

由式（4.9-7）及式（4.9-8）可见，当液体黏度及小球密度一定时，雷诺数与 d 有关。在测量蓖麻油的黏度时建议采用直径1~2mm的小球，这样可不考虑雷诺修正或只考虑1级雷诺修正。用螺旋测微器测定小球的直径 d，将数据记入表4.9-1中。

3. 测量蓖麻油黏度

（1）检查仪器前面的水位管，将水箱水加到适当值。

（2）温控仪温度达到设定值后再等约10min，使样品管中的待测液体温度与加热水温完全一致后，用挖油勺盛取小球沿样品管中心轻轻放入液体，观察小球是否一直沿中心下落。若样品管倾斜，应调节其铅直。测量过程中，尽量避免对液体的扰动。用停表测量小球下落一段距离 L 的时间 t，记入表4.9-2中。

（3）根据表4.9-2调节控温仪到待测温度，重复步骤（2）。

（4）实验全部完成后，用磁铁将小球吸引至样品管口，用镊子夹入蓖麻油中保存，以备下次实验使用。

实验数据及处理

表4.9-1　小球直径的测量

$d_0=$ ________ mm

	1	2	3	4	5	6	平均值
d'/mm							
d/mm	$d=\overline{d'}-d_0$						

表4.9-2　不同温度下小球下落一段距离所用时间

$L=$ ________ cm

温度/℃	时间/s						速度 v/(m/s)
	t_1	t_2	t_3	t_4	t_5	$\bar{t}$	

（续）

温度/℃	时间/s						速度 v /（m/s）
	t_1	t_2	t_3	t_4	t_5	$\bar{t}$	

1. 计算各温度下液体的黏度值。
2. 计算一定温度下黏度测量值与标准值的相对误差。

注意事项

1. 实验前，检查开放式 PID 温控实验仪的水位管，将水箱水加到适当值。
2. 实验中，用挖油勺盛取小球到样品管中来进行落球实验，禁止用手直接操作。

分析与思考

1. 测量液体黏度时，测量起点是否可以选择液面？为什么？
2. 如何保证小球在运动过程中不产生旋涡？

实验 4.10　用牛顿环测定透镜的曲率半径

百科全书式的“全才”——牛顿

艾萨克·牛顿（I. Newton，1643—1727），英国著名的物理学家，曾任英国皇家学会会长，被称为百科全书式的“全才”。

牛顿的成就

艾萨克·牛顿于 1643 年 1 月 4 日出生于英国的一个乡村。牛顿年少时许多功课的成绩并不好，但他爱好读书，喜欢沉思，对自然现象有好奇心，并且动手制作了多种装置。14 岁时，牛顿辍学在家，但他并没有安心种田，而是躲起来研读数学。在重新回到学校后，1661 年，牛顿在 19 岁时进入了剑桥大学三一学院，获得学士学位。1665 年，牛顿回乡躲避瘟疫，两年中他思考与研究了许多问题，比如微积分和光学，更为知名的当属看到苹果落地而对万有引力定律的研究。1669 年，牛顿开始了在剑桥大学长达 30 年的工作。

牛顿在众多的科学领域都有着杰出的贡献：在力学领域，他总结出了物体运动的三个基本定律（牛顿运动三定律）；在光学领域，牛顿曾致力于颜色的现象研究，最为人熟知的是他用三棱镜分解太阳光，为以后的光谱分析打下了重要的基础；在光的本性方面，牛顿创立了光的“微粒说”；在热学领域，他用实验确定了冷却定律；在天文学领域，牛顿得出了万有引力定律，还设计制作了反射式望远镜；在数学领域，牛顿被认为与莱布尼茨独立创立了微积分学，并且他的广义二项式定理得到了广泛的认可；在哲学领域，他编著了《自然哲学的数学原理》，在书中总结了他一生中的许多重要发现和研究成果，这也是他最重要的著作。

牛顿在科学界的成就是如此之大，以至于在美国学者麦克·哈特所著的《影响人类历史进程的 100 名人排行榜》，牛顿高居第二位。同时，书中也指出：在牛顿诞生后的数百年里，人们的生活方式发生了翻天覆地的变化，而这些变化的发生大都是基于牛顿的理论和发现。

在科学研究和工业技术中，经常用到光的干涉法来进行微小长度、厚度和角度的测量，或对试件表面的光洁度、球面度以及机械零件内应力的分布等的检验与研究。“牛顿环”是其中一个典型的例子。

“牛顿环”是一种分振幅法等厚干涉现象，1675年由牛顿首先观察到，但由于牛顿信奉光的微粒说而未能对其做出正确的解释。

实验目的

1. 观察光的等厚干涉现象，加深对干涉现象的认识。
2. 掌握读数显微镜的使用方法，并用牛顿环测量平凸透镜的曲率半径。
3. 学习用最小二乘法、逐差法处理实验数据。

实验原理

在一块平滑的玻璃片 B 上，放一曲率半径很大的平凸透镜 A（见图 4.10-1），在 A、B 之间形成一个厚度随直径变化的劈尖形空气薄层。当平行光束垂直照射平凸透镜时，凸透镜下表面反射的光和玻璃片上表面反射的光发生等厚干涉（见图 4.10-2），在凸透镜上表面将呈现出一组明暗相间的干涉条纹，这些干涉条纹是以接触点 O 为中心的同心圆环，称为牛顿环（见图 4.10-3）。

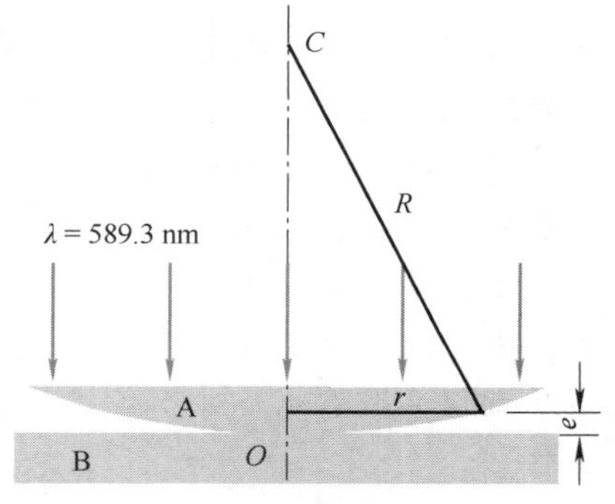

图 4.10-1　牛顿环装置原理图

由于产生牛顿环的两束反射光的光程差取决于空气层的厚度，所以牛顿环是一种等厚干涉条纹。

设凸透镜与玻璃片的接触点为 O，与接触点 O 相距为 r 处的空气膜厚度为 e，则两束光的光程差和产生的条纹分别为

$$\Delta=\begin{cases}2e+\dfrac{\lambda}{2}=m\lambda & (m=1,2,3,\cdots)\ \text{明环}\\ 2e+\dfrac{\lambda}{2}=(2m+1)\dfrac{\lambda}{2} & (m=0,1,2,\cdots)\ \text{暗环}\end{cases}\tag{4.10-1}$$

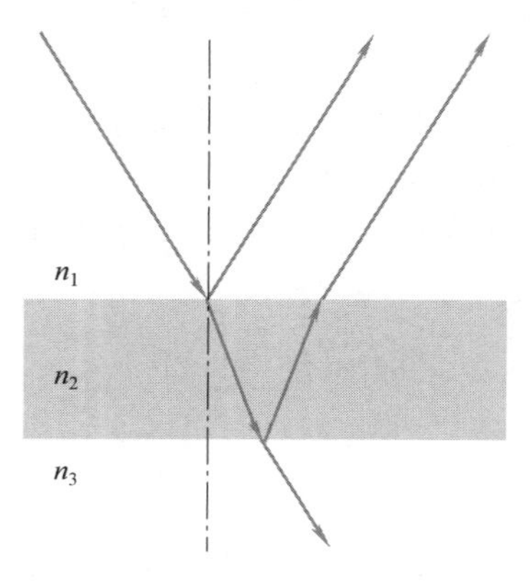

图 4.10-2　等厚干涉光路图

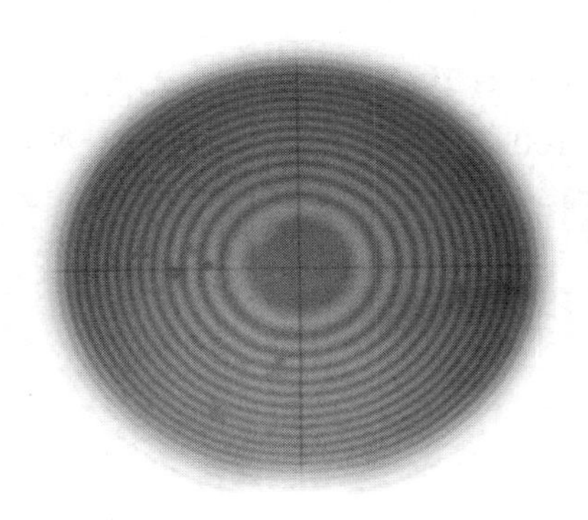
图 4.10-3　等厚干涉条纹——牛顿环

式中，m 为干涉级数；$\lambda/2$ 是因光从空气射向玻璃片反射时产生半波损失而引起的附加光程差，即光线从光疏介质射向光密介质发生反射时会有大小为 π 的相位突变。

根据图 4.10-1 中的直角三角形，若设平凸透镜的曲率半径为 R，则有

$$R^2=(R-e)^2+r^2=R^2-2eR+e^2+r^2 \tag{4.10-2}$$

由于 $e \ll R$，式（4.10-2）中可略去 e^2，从而得到

$$e=\frac{r^2}{2R} \tag{4.10-3}$$

将式（4.10-3）代入式（4.10-1），可求出条纹半径 r 为

$$r=\begin{cases}\sqrt{(2m-1)R\lambda/2} & (m=1,2,3,\cdots)\ \text{明环}\\ \sqrt{mR\lambda} & (m=0,1,2,\cdots)\ \text{暗环}\end{cases} \tag{4.10-4}$$

由式（4.10-4）可见，暗环半径 r 与环的级数 m 的平方根成正比，所以牛顿环越向外环越密。如果单色光源的波长 λ 已知，测出第 m 级暗环的半径 r_m，就可由式（4.10-4）求出平凸透镜的曲率半径 R，或利用 R 求出波长 λ。

实际上，观察到的牛顿环中心往往是一个不甚清晰的圆形暗（或亮）斑。这是因为透镜接触玻璃片时，由于接触压力引起玻璃片的弹性形变，使接触区域并非理想的接触点而是一个圆面；或是空气间隙层中有尘埃，附加了光程差。因此，无法确定环的干涉级数和几何中心，式（4.10-4）不适合直接使用。

为了避免所数级数不准确而造成的影响，可以通过测量距中心较远的第 m 级和第 n 级两个暗环的半径 r_m 和 r_n，有

$$r_m^2=mR\lambda,\qquad r_n^2=nR\lambda \tag{4.10-5}$$

两式相减并改变形式，可得

$$R=\frac{r_m^2-r_n^2}{(m-n)\lambda} \tag{4.10-6}$$

在实际测量中，由于难以确定环的几何中心，多采用下式进行计算：

$$R=\frac{d_m^2-d_n^2}{4(m-n)\lambda} \tag{4.10-7}$$

式中，d_m、d_n 分别为第 m 级和第 n 级两个暗环的直径。

实验仪器

本实验提供的主要器材有牛顿环装置、读数显微镜、钠光灯（$\lambda=589.3\text{nm}$）等，如图 4.10-4 所示。

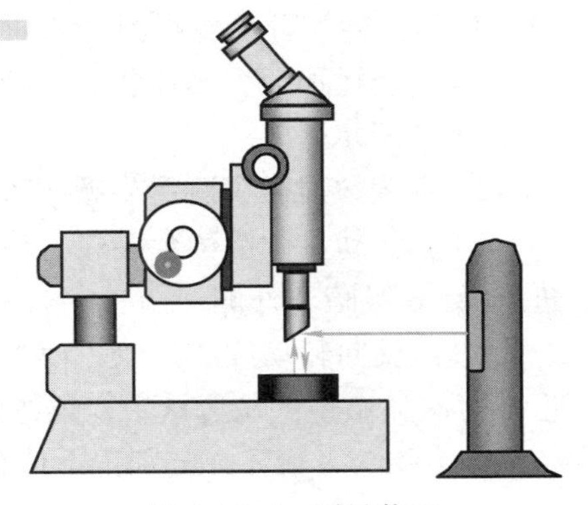
图 4.10-4　测量装置

1. 牛顿环装置

如图 4.10-5 所示，牛顿环装置是将一个平凸透镜凸面向下放置在一个光滑的平板玻璃上，并用金属外壳将其包裹起来而形成的一种光学装置。牛顿环装置上有三颗固定螺钉，用以将金属外壳连接在一起，并可以调节平凸透镜和平板玻璃的接触点位置。使用时注意，不要将螺钉拧得过紧，以免平凸透镜和平板玻璃发生形变甚

至损坏。

2. 读数显微镜

读数显微镜的主要结构包括目镜、物镜、物镜调焦旋钮、主标尺与读数鼓轮。读数显微镜的主标尺（见图 4. 10-6）分度值为 1mm，对应读数鼓轮一周的 100 个刻度，即读数鼓轮分度值为 0. 01mm，需要估读到 0. 001mm。

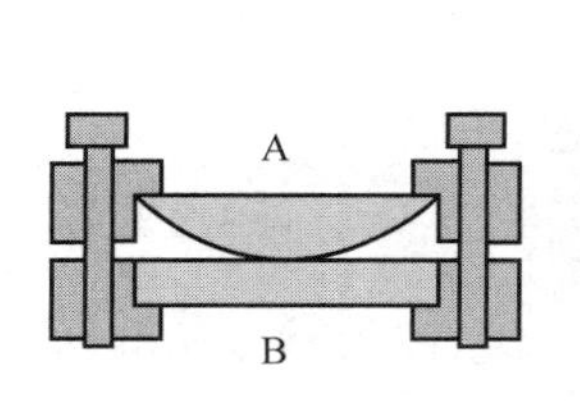

图 4. 10-5　牛顿环装置

图 4. 10-6　读数显微镜的主标尺和读数鼓轮

3. 钠光灯

钠光灯是实验室常见的弧光放电灯，它是将金属钠和氩气充入由特种玻璃制成的放电管内。电源开启的瞬间，氩气受到电场的激发后发光，使得金属钠被蒸发，最后钠蒸气在管内强电场的作用下发出波长分别为 589. 0nm 和 589. 6nm 的两种单色黄光。由于这两个波长相距非常近，一般不易区分，因而将 589. 3nm 作为钠光灯的波长值。

实验内容

1. 用读数显微镜观察牛顿环

（1）打开钠光灯预热 5min。

（2）调整读数显微镜底座的位置，以便光线射向显微镜物镜下方 45°透反镜。将牛顿环装置放置于显微镜物镜下方的玻璃平板上，调节透反镜的方向，使显微镜视野中亮度适中。移动牛顿环装置使其圆心部分对准物镜。

（3）调节目镜直至目镜分划板上的十字叉丝成像清晰，并使某一条叉丝与镜筒左右移动方向平行。下移显微镜筒至透反镜接近牛顿环装置，然后旋转调焦旋钮，缓慢地提升物镜，直到目镜视野中能看到清晰的放大了的牛顿环干涉图样。

（4）轻轻移动牛顿环装置的位置，使牛顿环圆心大致对准显微镜的十字叉丝交点，如图 4. 10-3 所示。

2. 用读数显微镜测量牛顿环直径

（1）转动显微镜读数鼓轮，使显微镜筒由牛顿环中心移向一侧，至目镜内叉丝交点推进到第 16 级暗环外侧。

（2）反向转动读数鼓轮，使叉丝交点退回并依次对准第 15，14，…，8，7，6 等暗环，记下每次显微镜的位置读数。继续转动读数鼓轮使叉丝交点越过牛顿环圆心，再依次对准另一侧第 6~15 级暗环并分别记下位置读数，填入表 4. 10-1 中。

实验数据及处理

表 4.10-1　牛顿环实验数据表

环序 m	显微镜读数/mm		环的直径 d_m/mm |左方读数-右方读数|	d_m^2/mm^2
	左　方	右　方		
6				
7				
8				
9				
10				
11				
12				
13				
14				
15				

1. 利用最小二乘法处理数据，求出 R 值。
2. 根据公式（4.10-7）用逐差法求出 R 值。

注意事项

1. 钠光灯点燃后，直到实验结束再关闭，中途不应随意开关，否则会降低使用寿命。
2. 拿取牛顿环装置时，切忌触摸光学平面，如有不洁要用专门的擦镜纸轻轻擦拭。
3. 寻找牛顿环时，镜筒要向上移动，以免向下挤压损伤透反镜或牛顿环装置。
4. 测量时，显微镜的读数鼓轮只能始终向同一方向旋转，防止螺距间隙产生回程差。
5. 叉丝交点与每一环对准时，若在圆心某一侧与各环内切，在另一侧应外切；或是在两侧都对准暗环条纹的中央，以消除条纹宽度造成的误差。

分析与思考

1. 利用透射光观测牛顿环与用反射光观测会有什么区别？
2. 测量暗环直径时，叉丝没有调节到与移动方向平行，因而测量的是弦而非直径，如图 4.10-7 所示，对实验结果是否有影响？为什么？
3. 为何离中心越远牛顿环条纹越密？

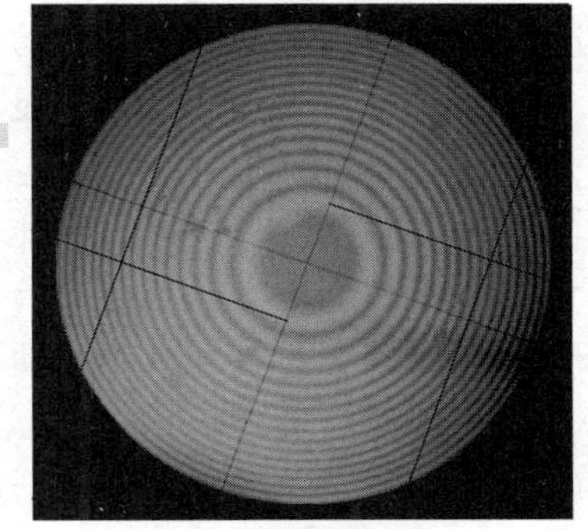

图 4.10-7　叉丝与移动方向不平行

第5章　物理实验综合应用与提高

实验5.1　超声声速的测量

神奇的超声波

“超声”是指频率过高而超出人类听觉范围的声音。在自然界中，人类定义的频率超过20kHz的超声并非听觉的上限。比如猫和狗可以识别35kHz以上的声音，老鼠更能听到高达100kHz的声音。动物不仅可以听到我们无法感知的超声，还能利用超声进行定位和捕猎，其中最著名的就是蝙蝠。蝙蝠主动发出超声波，然后利用回声的强度、延迟和频移，来判断空间中物体的大概种类、距离和移动速度。

人们借用蝙蝠的这种技能，提出的声呐技术在军事领域发挥了重要作用。声呐（Sound Navigation And Ranging，简称SONAR，即声音导航和测距）是利用声波在水下的传播特性，通过电声转换和信息处理，完成水下导航和测距的一种技术。当超声波在水下遇到潜艇、水雷、鱼类等物体时，会被目标物体反射回来。通过分析接收到的反射声波，可以实现导航和测距的目的。随着声呐技术的蓬勃发展，目前声呐已经可以实现水下探测、定位、跟踪、识别、导航、制导、通信、测速、对抗等多种功能，是水声学中应用十分广泛的一种技术。比如，SJG-206型拖曳声呐便是21世纪初我国水声行业的“代表作”。

除了军事领域，超声在其他领域也有广泛的应用。在医学方面，超声常被用于诊断和治疗。超声诊断通过检测超声的幅度、频率、相位以及时间等物理量对人体进行测量、成像和诊断。超声治疗则是利用生物体自身吸收超声的特性，以及超声波的生物学效应和机理达到治疗的目的。在工业方面，超声常被用于清洗和无损检测。超声清洗利用了超声高频的特点，可以快速搅动液体，达到清洗效果。无损检测利用超声具有较高的指向性，仅通过被反射的超声脉冲的波形来检测材料内部的性质。虽然我们听不见超声，但是超声正在默默地为我们服务。

声波是一种在弹性媒质中传播的机械波。振动频率在 20Hz~20kHz 的声波称为可闻声波，频率低于 20Hz 的声波称为次声波，频率超过 20kHz 的声波称为超声波。对于声波特性的测量（如频率、波长、波速、相位和声压衰减等）是声学技术的重要内容，声速的测量在声波定位、探伤和测距中有较广泛的应用。

实验目的

1. 了解声速与气体参数的关系。
2. 了解压电陶瓷换能器的功能和超声波的发射、接收方法。
3. 用共振干涉法和相位比较法测量波长，加深对驻波和振动合成理论的理解。

实验原理

1. 声波在空气中的传播速度及测量方法

当将空气视为理想气体时，声波在空气中的传播速度为

$$v=\sqrt{\frac{\gamma RT}{M}} \tag{5.1-1}$$

式中，γ 是空气定压摩尔热容 $C_{p,\mathrm{m}}$ 和定容摩尔热容 $C_{V,\mathrm{m}}$ 之比，即 $\gamma=C_{p,\mathrm{m}}/C_{V,\mathrm{m}}$；$R$ 是摩尔气体常数；M 是气体摩尔质量；T 是绝对温度。由式（5.1-1）可知，温度是影响空气中声波传播速度的主要因素，如果忽略空气中水蒸气及其他夹杂物的影响，在 0℃（$T_0=273.15\mathrm{K}$）时空气中的声速为 $v_0=\sqrt{\gamma RT_0/M}=331.45\mathrm{m/s}$。

实际上空气中总会有一些水蒸气，经过对空气摩尔质量 M 和比热比 γ 的修正，在温度为 t（℃）、相对湿度为 r、饱和蒸汽压为 p_s 的空气中的声速为

$$v_t=331.45\sqrt{\left(1+\frac{t}{273.15}\right)\left(1+0.31\frac{rp_s}{p}\right)}\ (\mathrm{m/s}) \tag{5.1-2}$$

式中，$p=1.013\times10^5\mathrm{Pa}$，为标准大气压；$p_s$ 可从饱和蒸汽压和温度的关系表（见书后附表 B.7）中查出；相对湿度 r 从实验室提供的湿度计上直接读出。

由于超声波具有波长短、易于定向发射等优点，所以在超声波段进行声速测量是比较方便的。由波动理论知道，声波的传播速度 v 与频率 f、波长 λ 的关系为

$$v=f\lambda \tag{5.1-3}$$

只要测得频率和波长，即可求出声速。声波的频率可由信号发生器测出，所以本实验的主要任务是测量波长。

2. 压电陶瓷换能器

实验采用压电陶瓷换能器实现电压和声压之间的转换。压电陶瓷换能器结构如图 5.1-1 所示，主要由压电陶瓷环和轻、重两种金属组成。压电陶瓷环由一种多晶结构的压电材料（如钛酸钡、锆钛酸铅）制成。

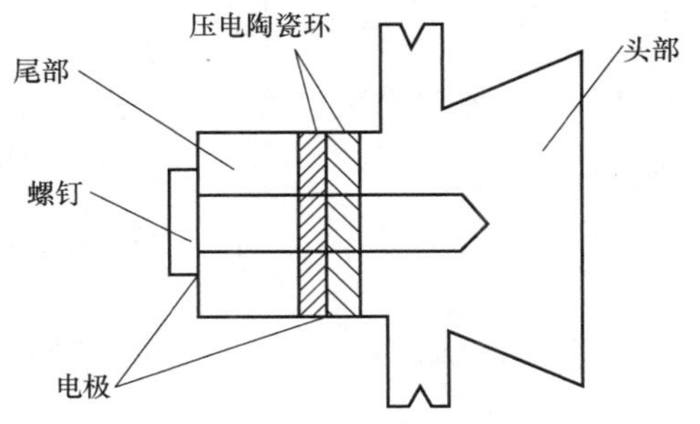

图 5.1-1 压电陶瓷换能器结构示意图

在压电陶瓷环的两个底面加上正弦交变电压，它就会按正弦规律发生纵向伸缩，即厚度按正弦规

律产生形变，从而发出超声波。同样压电陶瓷环也可以实现声压到电压的转化，用来接收声波信号。压电换能器产生的声波具有平面性好及方向性强等优点，同时可以控制频率在超声波范围内，使一般的音频对它没有干扰。当频率提高时，波长变短，这样能在不长的距离内测到多个波长，用逐差法取其平均值，使测量结果比较准确。

3. 共振干涉（驻波）法测波长

实验装置如图 5.1-2 所示（虚线不接，相位比较法用），其中 S_1 和 S_2 为压电陶瓷换能器。S_1 为超声源，由信号发生器输出的正弦电压信号激励，使其发出一平面声波；S_2 为超声波接收器，把接收到的声压转换成正弦电压信号，再输入示波器 Y 轴观察。S_2 在接收超声波的同时还反射一部分声波。当 S_1 和 S_2 之间的距离满足一定条件时，由 S_1 发出的超声波和由 S_2 反射的超声波在 S_1 和 S_2 之间的区域出现驻波现象。

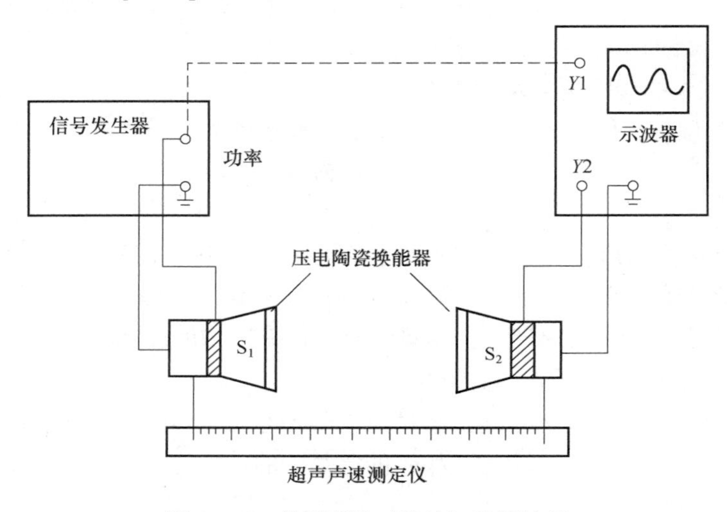

图 5.1-2　共振干涉（驻波）法测波长

波动理论指出，声源发出的声波经介质到反射面，若反射面与发射面平行，入射波在反射面上被垂直反射。设超声源 S_1 处的振动方程为 $A\cos\omega t$，A 为声源振幅，ω 为角频率。沿 x 方向（$S_1 \rightarrow S_2$）传播的波动方程为

$$y_1 = A\cos\left(\omega t - \frac{2\pi}{\lambda}x\right) \tag{5.1-4}$$

不考虑衍射和吸收等损耗，经 S_2 反射后沿 x 轴负向传播的波动方程为

$$y_2 = A\cos\left[\omega t - \frac{2\pi}{\lambda}(2L - x) - \pi\right] = A\cos\left(\omega t + \frac{2\pi}{\lambda}x - \frac{4\pi}{\lambda}L - \pi\right) \tag{5.1-5}$$

式中，L 为发射端至接收端的距离；π 为 S_2 处的半波损失引起的相位突变。叠加后的合成波方程为

$$y = y_1 + y_2 = A\cos\left(\omega t - \frac{2\pi}{\lambda}x\right) + A\cos\left(\omega t + \frac{2\pi}{\lambda}x - \frac{4\pi}{\lambda}L - \pi\right) \tag{5.1-6}$$

当 $L = n\dfrac{\lambda}{2}$，$n = 1, 2, 3, \cdots$时，形成驻波，波动方程为

$$y = A\cos\left(\omega t - \frac{2\pi}{\lambda}x\right) - A\cos\left(\omega t + \frac{2\pi}{\lambda}x\right) = 2A\sin\left(\frac{2\pi}{\lambda}x\right)\sin\omega t \tag{5.1-7}$$

式（5.1-7）表明合成波在介质中各点做同频率的谐振动，各点的振幅为 $2A\sin(2\pi/\lambda)x$，是位置 x 的正弦函数。当 $x=k\lambda/2$，$k=1,2,3,\cdots,n$ 时，振幅为零，这些点始终不振动，称为波节；当 $x=(2k+1)\lambda/4$ 时，振幅为 $2A$，该处振动最强，称为波腹。由上述讨论可知，两相邻波腹（或波节）间的距离为 $\lambda/2$。因此，当 $L=n\lambda/2$ 时，S_2 处振幅（位移）最小，声压最大（声压是指介质中声波传播时的压强与无声波时的静压强之差，是由于声波而引起的附加压强。声压也在做周期性的变化，可以证明声压波比位移波在相位上落后 $\pi/2$。因此，在位移最大处，声压为零；在位移为零处，声压最大），示波器接收的信号也最强。

一个振动系统，当激励频率接近系统固有频率时，振幅显著增大，这时称为共振。实验时，应仔细调节信号发生器的输出频率并观察示波器信号幅度的变化，当信号幅度出现最大时，系统即处于共振状态，超声换能器发出足够强的声波，实验才能顺利进行。

在移动 S_2 的过程中，系统经历了一系列的驻波共振状态，示波器观察的信号幅度周期性地变化，任意两个相邻的信号极大值所对应的 S_2 的移动距离为半波长，即

$$\Delta L = L_n - L_{n-1} = \frac{\lambda}{2} \tag{5.1-8}$$

此距离由游标卡尺测得。

4. 相位比较法测波长

实验装置仍如图 5.1-2 所示，另将信号发生器的输出信号按虚线所示接到示波器上，并设置示波器处于 X–Y 工作状态。当 S_1 发出的超声波通过空气到达接收器 S_2 时，在接收波和发射波之间产生相位差

$$\Delta\varphi = \varphi_2 - \varphi_1 = \frac{2\pi}{\lambda}L \tag{5.1-9}$$

因此可以通过测量 $\Delta\varphi$ 来求得 λ。

$\Delta\varphi$ 的测量通过观察相互垂直振动合成的李萨如图形进行。设 X 轴（CH1）的正弦信号为

$$x = A_1\cos(\omega t - \varphi_1) \tag{5.1-10}$$

Y 轴（CH2）的正弦信号为

$$y = A_2\cos(\omega t - \varphi_2) \tag{5.1-11}$$

消去 t 后得合振动方程为

$$\frac{x^2}{A_1^2} + \frac{y^2}{A_2^2} - \frac{2xy}{A_1A_2}\cos(\varphi_2 - \varphi_1) = \sin^2(\varphi_2 - \varphi_1) \tag{5.1-12}$$

此方程轨迹为椭圆或直线。当 $\Delta\varphi=0$ 时，式（5.1-12）写成 $y=A_2x/A_1$，即轨迹为处于第一和第三象限的一条直线，如图 5.1-3a 所示；当 $\Delta\varphi=\pi/2$ 时，得 $x^2/A_1^2+y^2/A_2^2=1$，则轨迹为以坐标轴为主轴的椭圆，如图 5.1-3b 所示；当 $\Delta\varphi=\pi$ 时，得 $y=-A_2x/A_1$，轨迹为处于第二和第四象限的一条直线，见图 5.1-3c 所示。

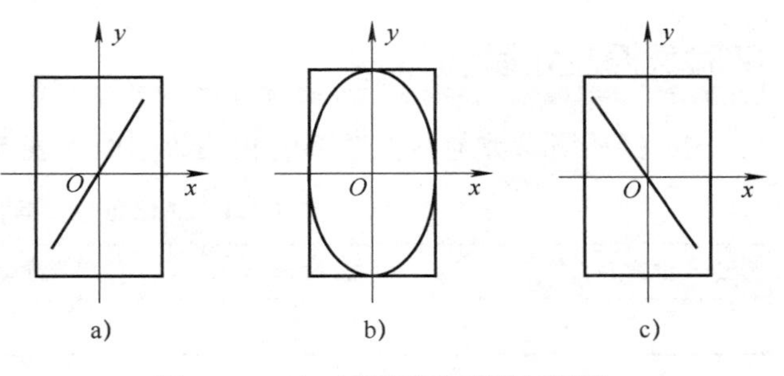

图 5.1-3 $\Delta\varphi$ 不同时的李萨如图形

由式（5.1-9）知，$\Delta\varphi$ 取决于 S_1、S_2 之间的距离 L。因此，移动 S_2 时 $\Delta\varphi$ 随之改变，观察到的李萨如图形也不断变化，从一、三象限的直线变化到相邻的二、四象限的直线时，$\Delta\varphi$ 的改变量为 π，对应 S_2 的移动距离为 $\lambda/2$。

实验仪器

声速测定仪、信号发生器、示波器等。

实验内容

1. 掌握示波器和信号发生器的使用方法

熟悉示波器和信号发生器的面板结构、旋钮功能及操作说明，这是顺利进行本次实验的前提。

2. 仪器调整、电路连接和确定系统共振频率

（1）按图 5.1-2 所示，将信号发生器的输出端与压电陶瓷换能器 S_1 的输入端相连。

（2）将压电陶瓷换能器 S_2 的输出端与示波器的“CH2”相连（图 5.1-2 中的虚线暂不接）。

（3）按要求设置 S_1 与 S_2 之间的初始距离。

（4）按要求设置信号发生器输出信号的幅度。将信号发生器输出频率调至压电陶瓷换能器谐振频率 f 值附近，再仔细调节频率并注意观察示波器，当信号幅度达到最大时系统即处于共振状态，此时的频率值就是共振频率 f，也是声波频率。实验中应保持此共振频率 f 不变。

3. 共振干涉（驻波）法测声速

向右缓慢移动 S_2，当示波器上出现信号幅度较大时，再细微调节 S_2 直至找到振幅最大值，记下位置 L_1；同理，由近而远地移动 S_2，逐个记下各振幅最大时的 $L_2, L_3, \cdots, L_{20}$ 共 20 个位置（注意每次均应仔细调节 S_2）。

4. 相位比较法测声速

将图 5.1-2 中的虚线接上，并将示波器置于 $X-Y$ 工作状态，即可利用李萨如图形观察发射波与接收波的相位差。将 S_2 从 S_1 附近缓慢向右移动，当示波器上出现斜直线时，再细微调节 S_2 使图形稳定，记下 S_2 的位置 L_1'；继续向右移动 S_2，屏幕上将依次出现第 2 条、第 3 条直至第 20 条斜线，记下对应的 S_2 位置分别为 $L_2', L_3', \cdots, L_{20}'$。

实验数据及处理

1. 将环境参数与共振频率的相关数据填入表 5.1-1 中。

表 5.1-1 环境参数与共振频率的数据表

温度 t/℃	相对湿度 r	饱和蒸汽压 p_s/mmHg	共振频率 f/kHz

由式（5.1-2）算出声速理论值 v_t。

2. 将共振干涉（驻波）法测声速的数据填入表5.1-2中。

表5.1-2 共振干涉（驻波）法测声速数据表

i	1	2	3	4	5	6	7	8	9	10
L_i/mm										
L_{i+10}/mm										
ΔL_i/mm										

用逐差法求出波长，再代入式（5.1-3）求出声速 $\bar{v}$。

声速的不确定度 U_v 由下式计算：

$$U_v = \bar{v}\sqrt{\left(\frac{U_\lambda}{\bar{\lambda}}\right)^2 + \left(\frac{U_f}{f}\right)^2}$$

式中，$U_\lambda = \sqrt{U_{\lambda A}^2 + U_B^2}$，$U_{\lambda A} = \sqrt{\frac{1}{n(n-1)}\sum(\lambda_i - \bar{\lambda})^2}$。求出 U_v 并写出实验结果的完整表达式。

3. 将相位比较法测声速的数据填入表5.1-3中。

表5.1-3 相位比较法测声速数据表

i	1	2	3	4	5	6	7	8	9	10
L_i'/mm										
L_{i+10}'/mm										
$\Delta L_i'$/mm										

用逐差法求出波长，再代入式（5.1-3）求出声速 $\bar{v}'$，并与声速理论值 v_t 进行比较，求出相对误差。

注意事项

1. 在寻找共振频率和共振干涉法测量波长时，示波器中观察到的正弦波可能会超出观察屏，可调节示波器的 Y 轴“V/div”旋钮控制好波形幅度以便观察。

2. 由于声波在空气中衰减较大，在共振干涉法测量波长时，其振幅随 S_2 远离 S_1 而显著减小，可调节示波器的 Y 轴“V/div”旋钮控制好波形幅度以便观察。

分析与思考

1. 为什么要在换能器共振状态下测量声速？如何调节谐振频率？

2. 当空气温度变化时，声波的频率、波长是否都发生了变化？

3. 为什么在实验过程中应保持换能器 S_1 和 S_2 的表面互相平行？如果不平行会产生什么问题？

实验 5.2 用电位差计校准毫安表

现代电学的先驱——欧姆

乔治·西蒙·欧姆（G. S. Ohm，1789—1854），德国物理学家。1811 年毕业于埃朗根大学，并取得博士学位。1817—1826 年在科隆大学预科教数学和物理学，后在柏林从事研究并任教。1833 年任纽伦堡综合技术学校物理学教授。

受傅里叶发现的热传导规律的启发，欧姆对导线中的电流进行了研究。欧姆认为电流现象与此相似，猜想导线中两点之间的电流也许正比于它们之间的某种驱动力，即现在所称的电位差或电动势。欧姆一开始用伏打电堆作电源，但效果并不好，随后他改用温差电池作电源，从而保证了电流的稳定性。为解决测量电流大小这一难题，他把奥斯特关于电流磁效应的发现和库仑扭秤结合起来，巧妙地设计了一个电流扭秤，用一根扭丝悬挂一磁针，让通电导线和磁针都沿子午线方向平行放置，再将铋-铜温差电池的一端浸在沸水中，另一端浸在碎冰中，并用两个水银槽作电极，与铜线相连。当导线中通过电流时，磁针的偏转角与导线中的电流成正比。他将实验结果于 1826 年发表。欧姆通过实验还证明：电阻与导体的长度成正比，与导体的横截面积成反比；在电流稳定的情况下，电荷不仅在导体表面移动，而且在导体的整个截面上运动。这就是我们熟悉的欧姆定律。

欧姆的著作《伽伐尼电路：数学研究》于 1827 年出版。欧姆的著作为电学的定量研究创造了条件，对电学的发展起了巨大的推动作用，但在当时并没有引起科学界的重视，甚至在德国遭到某些人的攻击。但正如电流计的发明者施韦格所言："在乌云和尘埃后面的真理之光最终会透射出来，并含笑驱散它们。"当法国巴黎大学教授普莱以及其他科学家的实验证实了欧姆定律，当欧姆的著作《伽伐尼电路：数学研究》在法国和英国出版之后，欧姆的学术价值和地位逐渐得到承认。1841 年 11 月英国皇家学会授予欧姆科普利奖章，这标志着欧姆的成就得到国际学术界的公认。1845 年欧姆成为巴伐利亚科学院院士。1849 年被任命为巴伐利亚科学院物理馆的馆长，兼慕尼黑客座教授。1852 年被任命为慕尼黑大学正式教授。

为纪念他对电学的贡献，电阻的单位以"欧姆"命名，简称"欧"。

在实验室使用的电流表或电压表一般都是磁电式电表，它具有灵敏度高、功率消耗小、防外界磁场影响强、刻度均匀、读数方便等优点。电表在经常使用或长期保存后，会出现元件老化、磁性减弱、转动部件磨损等问题，电表的准确度等级有可能降低，故需对其定期校准。

以毫安表为例，设被校表的示值为 I，校准结果为 I'，则差值

$$\Delta I = I - I' \tag{5.2-1}$$

以 I 为横坐标、ΔI 为纵坐标，作出如图 5.2-1 所示的校准曲线（各数据点连成折线）。由校准曲线，只要将读出的示值减去该读数所对应的 ΔI，就能得到校准后的数值。从校准曲线的 ΔI 中找出绝对值最大的值，由此可确定被校表的准确度等级。

电表校准的基本方法是用一个标准表来校准被校表，也就是在同一电路和条件下比较标准表和被校表指示值的差异。我国工业仪表等级分为 0.1、0.2、0.5、1.0、1.5、2.5、5.0 七个等级，并标志在仪表刻度标尺或铭牌上。在校准中要求标准表的准确度等级要比被校表至少高两个级别，例如待校准电流表的等级为 1.5 级的，则标准表的等级至少为 0.5 级。电位差计是大学物理实验室常用的电学设备，其原理清晰，准确度等级较高，且使用方便。因此，本实验采用电位差计校准电表。

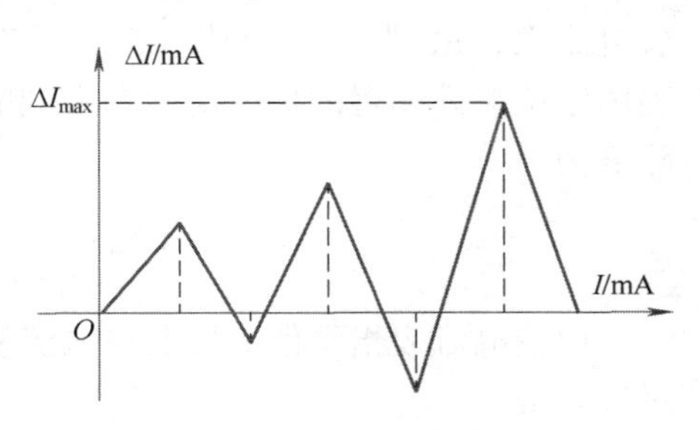

图 5.2-1 校准曲线

实验目的

1. 通过电路设计及参数的选择，巩固所学知识以提高解决实际问题的能力。
2. 加深对补偿原理的理解，掌握箱式电位差计的使用方法。
3. 运用箱式电势差计校准毫安表，并确定被校表准确度等级。

实验原理

1. 可行性分析

电位差计是精确测量电位差或电源电动势的常用仪器。其突出优点是当用它来进行测量时，无须从被测电路中吸取任何能量，故不会改变被测电路的状态。由于它应用了补偿原理和比较测量法，所以测量准确度较高，测量结果稳定可靠，且使用方便，常被用来精确地间接测量电流、电阻、电功率和校准各种精密电表。

将电流表与一个阻值已知的标准电阻 R_S 串联，利用电位差计测出 R_S 两端的电压即可求出通过 R_S 的电流，并与毫安表的示值进行比较。

根据误差合成和不确定度理论，估算在给定的实验条件下校准组成装置本身的不确定度，由此确定校准装置相当于哪一等级的标准电流表，并与待校准表的准确度等级进行比较，判断该方案是否可行。

2. 电路设计与参数选择

电路设计与参数选择主要应考虑以下几点：

(1) 当电流达到待校表的量程时，R_S 两端电压也应接近电位差计的量程，据此确定 R_S 的阻值。

(2) 要求电路能实现被校电流 0~2.00mA 连续可调，选择滑线变阻器的连接方式，还要兼顾电流调节的均匀性与减少电能消耗。

(3) 确定电路元件参数，包括电源的输出电压，验证安全性，并说明理由。

3. 电位差计校准毫安表

电位差计的直接测量量为电势差，利用一个串接在待测回路中的标准电阻，通过测量标准电阻上的电势差就可间接测量出待测回路中的电流。

电位差计校准毫安表的电路如图 5.2-2 所示。图中Ⓐ为被校电流表，R_S 为标准电阻，R 为滑线变阻器，R_1 为电阻箱。利用电位差计测得的标准电阻两端间的电压为 U_S，则电流的实际值为

$$I' = \frac{U_S}{R_S} \tag{5.2-2}$$

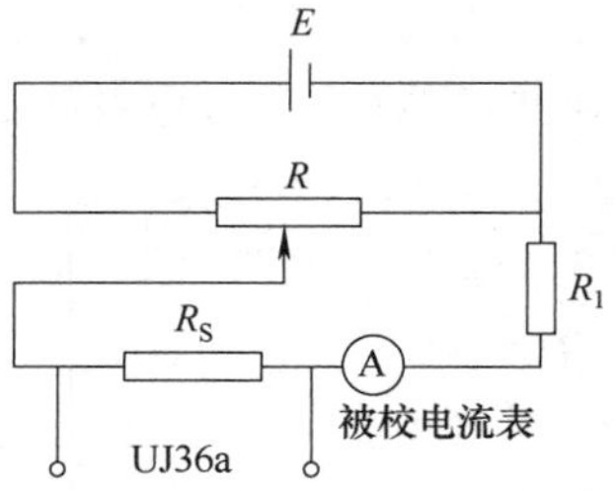

图 5.2-2　校准毫安表电路图

比较电流表指示值 I 与电路电流实际值 I' 可得两者间的绝对误差 ΔI。

通过对电流表不同示值的校准，可以作出校准曲线，并确定最大引用误差和准确度等级。

实验仪器

待校准毫安表、直流稳压电源、电阻箱、标准电阻、滑线式变阻器、UJ36a 型电位差计（见图 5.2-3）。

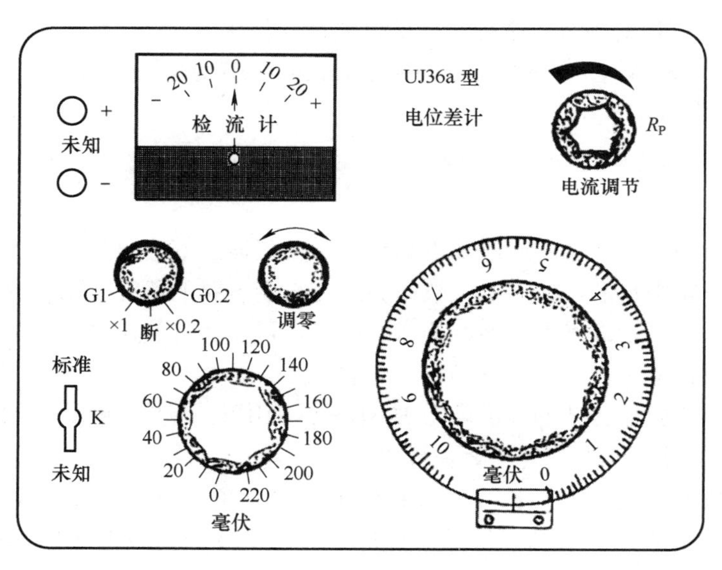

图 5.2-3　UJ36a 型电位差计

UJ36a 型电位差计的面板如图 5.2-3 所示，使用方法（步骤）如下：

（1）将待测电压（电动势）按极性接到“未知”接线柱上。

（2）把“倍率”旋钮由断位置按测量需要旋到“×1”或“×0.2”的位置上（本实验取×1 档），调节“调零”旋钮使检流计指针指零。

（3）左手将电键“K”推向“标准”，右手调节 R_P，使检流计指针指零。

（4）转动两个读数盘，使其示数之和与倍率的乘积大致等于待测电压值，再将电键“K”拨向“未知”，转动测量盘使检流计再次指零。将“K”恢复原位，记录测量结果。

（5）重复步骤（3）、（4），测出其他电压值。

（6）测量完毕，务必将“倍率”旋钮旋至“断”位置，以免不必要地消耗仪器内部干电池的能量。

注意：步进测量盘只能从 0mV 开始顺时针旋转依次增加到 220mV 为止，然后再逆时针旋转到 0mV，切不可用力过大使旋钮错位甚至损坏仪器。

实验内容

1. 实验方案论证。

2. 设计具体的校准电路，确定电路参数，并进行安全性分析。

以上两项应在预习时完成。

3. 数据测量。为减小误差，校准时电流从零开始逐渐增大到量程为止，取若干数据点（如 0.00mA，0.20mA，0.40mA，…，2.00mA），然后从稍大于量程开始逐渐减小电流至零，对上述数据点再测量一次，取其平均值。将实验数据填入表 5.2-1 中。

校准时，由于电源变化或其他原因都会造成毫安表示值的波动，因此在校准时应确认毫安表指针是否仍指在所要校准的电流示值。此外还需考虑电位差计定标点的漂移带来的误差，因此每次测量前都应重新定标。

实验数据及处理

表 5.2-1　实验数据表

电流表示值 I/mA		0.00	0.20	0.40	0.60	0.80	1.00	1.20	1.40	1.60	1.80	2.00
R_S 两端电压/mV	$U_{I\uparrow}$											
	$U_{I\downarrow}$											
	$\overline{U}$											
$I'=\overline{U}/R_S$/（mA）												
$\Delta I=(I-I')$/mA												

将实验数据记录在表 5.2-1 中，对表中数据进行数据处理并作出校准曲线。考虑到校准工作，在计算 ΔI 时应多取一位有效数字，即保留到小数点后第三位，否则无法体现校准本身的精确性。

被校表的最大引用误差由下式计算：

$$r = \frac{|\Delta I_{max}|}{I_m} \times 100\% + b\% \tag{5.2-3}$$

式中，I_m 为被校表的量程；$|\Delta I_{max}|$为绝对值最大的差值；b 为分析得到的校准装置的准确度等级。

待校电表原准确度等级 $a=1.5$，如 $r \leqslant a\%$，则电表合格；如 $a\% < r \leqslant 5\%$，电表应降级使用；如 $r > 5.0\%$，则该表一般应作报废处理。

注意事项

1. 电学实验操作过程中注意用电安全，电路连接完毕经检查无误后方可打开电源开关。
2. 按照电位差计的使用方法和注意事项正确操作仪器。

分析与思考

1. 如何确定负载电阻的阻值范围，为什么？
2. 分析实验中引起校准误差的主要原因有哪些？可采用何种举措使之减小？
3. 能否用 UJ36a 型电位差计校准 0~3V 的电压表，提出你的设计线路并拟定实验方案。
4. 计算被校表的最大引用误差时为什么要加上 $b\%$？

实验 5.3　霍尔效应法测磁场

霍尔与霍尔效应

霍尔（E. H. Hall，1855—1938），1855 年 1 月 7 日生于美国缅因州的北戈勒姆，1875 年以优异的成绩毕业于鲍登（Bowdoin）学院，在从事了两年教学后，兴趣转向了科学研究。谈到自己的兴趣由教学转向科研的动机时，霍尔说：“我经过两年的教学生涯后转向科研，是为了求得进步，也是为了满足我对知识和道德上趋于完美的标准，倒不是由于我对科学事业有强烈的热情，也不是感到自己有什么特殊的天赋。”霍尔坦率地说明转向科学研究，是由于现实的需要，是为了使自己的知识更加完善。他去了霍普金斯大学的研究生院，随罗兰（H. A. Rowland，1848—1901）教授学习物理学。1879 年发现“霍尔效应”，作为他的学位论文的研究结果，1880 年获博士学位。1881 年秋天到哈佛大学任讲师，1888 年任助理教授，1895 年任教授，1911 年被选入国家科学院，1914 年任伦福德教授，1921 年成为荣誉退休教授。但直到 1938 年逝世前不久，他仍一直在哈佛大学的实验室工作。

除了对霍尔效应进行过深入研究，他的主要研究方向是关于热现象的研究，如金属的热传导、液体的热行为和各种热电效应，特别是汤姆孙效应。他在哈佛任教初期，为了提高入学学生的实验素质，编写了物理实验的教学要求，制定了高中生的 40 个物理实验，所用装置简单，对学生的训练效果明显，影响很大；后来还写了一些论述基础物理教育的著作。1937 年他接受了美国物理教师学会的“物理教师杰出贡献”奖章，成为该学会的第一位荣誉会员。

霍尔效应是一种磁电效应，是指置于磁场中的载流体，如果其电流方向与磁场垂直，则在垂直于电流和磁场的方向上会产生一附加的横向电场的现象。这一现象是1879年由霍普斯金大学24岁的研究生霍尔在他的导师罗兰指导下发现的。

由霍尔元件制成的磁场测量装置，可直接将磁和电联系起来，并具有测量范围广(10^{-7}~10T)、测量精度较高（1%~0.01%）、适用于多种磁场以及设备简单等优点，还可以用来测量电流、压力、转速、半导体材料的参数等。

实验目的

1. 了解霍尔效应的实验原理，观察磁电效应现象。
2. 掌握用霍尔元件测量磁场的工作原理和方法。
3. 学习消除系统误差的一种实验测量方法。

实验原理

1. 霍尔效应

霍尔效应从本质上讲是运动的带电粒子在磁场中受洛伦兹力的作用而引起带电粒子的偏转。当带电粒子（电子或空穴）被约束在固体材料中时，这种偏转就导致在垂直于电流和磁场方向的两个端面产生正负电荷的聚积，从而形成附加的横向电场。

如图5.3-1所示，沿Z轴的正向加以磁场$\boldsymbol{B}$，与Z轴垂直的半导体薄片上沿X正向通以电流I_s（称为工作电流或控制电流），假设载流子为电子（如N型半导体材料，见图5.3-1a），它沿着与电流I_s相反的X负向运动。由于洛伦兹力$\boldsymbol{F}_m$的作用，电子即向图中的D侧偏转，并使D侧形成电子积累，而相对的C侧形成正电荷积累。与此同时，运动的电子还受到由于两侧积累的异种电荷形成的反向电场力$\boldsymbol{F}_e$的作用。随着电荷的积累，$\boldsymbol{F}_e$逐渐增大，当两力大小相等、方向相反时，电子积累便达到动态平衡。这时在C、D两端面之间建立的电场称为霍尔电场$\boldsymbol{E}_H$，相应的电势差称为霍尔电压U_H。

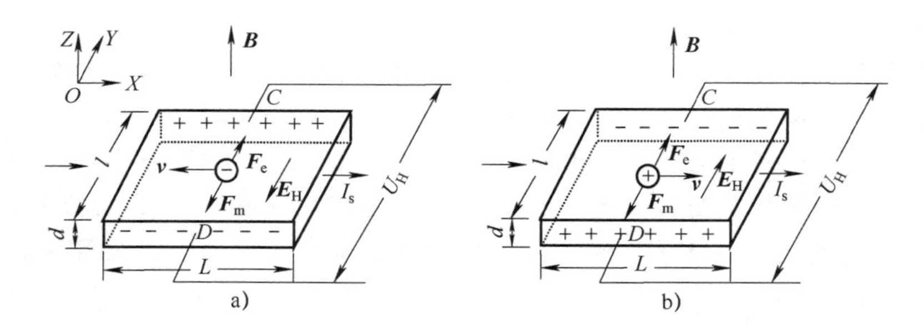

图5.3-1 霍尔元件中载流子在外磁场下的运动情况

a）电子 b）空穴

设电子按相同平均漂移速率v向图5.3-1中的X轴负方向运动，在磁场$\boldsymbol{B}$作用下，所受洛伦兹力为

$$\boldsymbol{F}_m = -e\boldsymbol{v} \times \boldsymbol{B} \tag{5.3-1}$$

式中，e 为电子电量 1.6×10^{-19}C；$\boldsymbol{v}$ 为电子漂移平均速度；$\boldsymbol{B}$ 为磁感应强度。

同时，电场作用于电子的力为

$$F_{e}=-eE_{H}=-e\frac{U_{H}}{l} \tag{5.3-2}$$

式中，E_{H} 为霍尔电场强度；U_{H} 为霍尔电压；l 为霍尔元件宽度。

当达到动态平衡时，$F_{m}=F_{e}$，从而得

$$vB=\frac{U_{H}}{l} \tag{5.3-3}$$

霍尔元件宽度为 l，厚度为 d。载流子浓度为 n，则霍尔元件的工作电流为

$$I_{s}=nevld \tag{5.3-4}$$

由式（5.3-3）、式（5.3-4）可得

$$U_{H}=\frac{1}{ne}\frac{I_{s}B}{d}=R_{H}\frac{I_{s}B}{d}=K_{H}I_{s}B \tag{5.3-5}$$

即霍尔电压 U_{H}（此时为 C、D 间电压）与 I_{s}、B 成正比，与霍尔元件的厚度 d 成反比。式中，比例系数 $R_{H}=\frac{1}{ne}$称为霍尔系数，它是反映材料霍尔效应强弱的重要参数；比例系数 $K_{H}=\frac{1}{ned}$称为霍尔元件的灵敏度，它表示霍尔元件在单位磁感应强度和单位工作电流下的霍尔电势大小，其单位是 mV/（mA · T），一般要求 K_{H} 越大越好。

当霍尔元件的材料和厚度确定时，根据霍尔系数或灵敏度可以得到载流子的浓度

$$n=\frac{1}{eR_{H}}=\frac{1}{edK_{H}} \tag{5.3-6}$$

实验测定霍尔电压或霍尔系数，不仅可以判断载流子的正负，还可以测定载流子的浓度 n。例如，半导体材料就是用这个方法判定它是空穴型的（P 型——载流子为带正电的空穴）还是电子型的（N 型——载流子为带负电的自由电子）。

对于单价金属锂（Li）、钠（Na）、钾（K）、铯（Cs）、铜（Cu）等，霍尔系数的实测值与计算值相当符合，如表 5.3-1 所示。而对于某些二价金属及半导体，如铍（Be）、锌（Zn）、镉（Cd），其实验值与计算值的差异极大，甚至符号相反，说明上述理论还存在缺陷，这个缺陷已为近代固体量子理论所解决。

表 5.3-1 某些金属及半导体的霍尔系数

金 属	锂	钠	钾	铯	铜	铍	锌	镉
实测值/（10^{11} m^3/C）	−17.0	−25.0	−42	−78	−5.5	+24.4	+3.3	+6.0
计算值/（10^{11} m^3/C）	−13.1	−24.4	−47	−73	−7.4	−2.5	−4.6	−6.5

2. 系统误差的消除方法

上面讨论的霍尔电压是在理想状态下的情况，而实际测量的电压包含了由热电效应和热磁效应引起的各种附加电压，在实验中应采用相应的方法予以消除。

(1) 不等势效应

由于霍尔元件本身不均匀，以及制作上的困难，使得测量霍尔电压的电极 C、D 点不可能完全处在同一等势面上。因此，即使不加磁场，只要有电流 I，C、D 两极间就有电势差 U_0。U_0 的方向与电流 I 的方向有关，与磁场 $\boldsymbol{B}$ 无关。

(2) 埃廷斯豪森效应

载流子实际是以不同速度沿 X 轴方向运动的，当 $F_m=F_e$ 时，速度为 $\bar{\boldsymbol{v}}$ 的载流子达到动平衡。在磁场和电场的作用下，速度大于 $\bar{\boldsymbol{v}}$ 或小于 $\bar{\boldsymbol{v}}$ 的载流子将得到不同大小的偏转，使 C、D 两面产生温差，从而产生温差电动势 U_E。U_E 的大小与 IB 乘积成正比，方向与 I、$\boldsymbol{B}$ 的方向有关。

(3) 能斯特效应

由于霍尔元件电流引线的焊点接触电阻不同，通以电流 I 后，接触电阻会产生不等的焦耳热，并因温差而产生电流，它在磁场作用下使 C、D 两点间产生电势差 U_N。U_N 与工作电流 I 无关，与磁场 $\boldsymbol{B}$ 的方向有关。

(4) 里吉-勒迪克效应

上述温差电流中的载流子速度也各不相同，在磁场的作用下也会产生埃廷斯豪森效应，在 C、D 两点间产生温差电动势 U_{RL}。同样，U_{RL} 与工作电流 I 无关，与磁场 $\boldsymbol{B}$ 的方向有关。

为了消除上述附加效应，实验时取不同 I 的流向和磁场 $\boldsymbol{B}$ 的方向，测出 C、D 两点相应电压值，求其平均。为此，先确定某一方向的工作电流 I 和磁场 $\boldsymbol{B}$ 为正，用（$+I$、$+B$）表示，当改变 I 和 $\boldsymbol{B}$ 的方向时就用（$-I$、$-B$）表示，分别测得由下列四种组合的电压，即

当（$+I$、$+B$）时，测得　$U_1=U_H+U_0+U_E+U_N+U_{RL}$

当（$-I$、$+B$）时，测得　$U_2=-U_H-U_0-U_E+U_N+U_{RL}$

当（$-I$、$-B$）时，测得　$U_3=U_H-U_0+U_E-U_N-U_{RL}$

当（$+I$、$-B$）时，测得　$U_4=-U_H+U_0-U_E-U_N-U_{RL}$

从上述结果中消去 U_0、U_N 和 U_{RL}，可得

$$U_H=\frac{1}{4}(U_1-U_2+U_3-U_4)-U_E$$

因为 $U_E \ll U_H$，且 U_2、U_4 为负电压，所以

$$U_H=\frac{1}{4}(U_1+|U_2|+U_3+|U_4|) \tag{5.3-7}$$

实验仪器

ZKY-HS 霍尔效应实验仪、ZKY-H/L 霍尔效应螺线管磁场测试仪。

实验内容

1. 仪器调整与线路连接

按仪器面板上的文字和符号提示将 ZKY-HS 霍尔效应实验仪（以下简称“实验仪”）与 ZKY-H/L 霍尔效应螺线管磁场测试仪（以下简称“测试仪”）正确连接。

（1）将工作电流、励磁电流调节旋钮逆时针旋转到底，使电流最小。

（2）将测试仪的电压量程调至高量程。

（3）测试仪面板右下方为提供励磁电流 I_M 的恒流源输出端，接实验仪上励磁电流的输入端（将接线插口与接线柱连接）。

（4）测试仪左下方为提供霍尔元件工作电流 I_s 的恒流源输出端，接实验仪工作电流输入端（将插头插入插孔）。

（5）实验仪上的霍尔电压输出端接测试仪中部下方的霍尔电压输入端。

（6）将测试仪与 220V 交流电源相连，按下开机键。

注：为了提高霍尔元件测量的准确性，实验前霍尔元件应至少预热 5min，具体操作如下：断开励磁电流开关，闭合工作电流开关，通入工作电流 5mA，待至少 5min 可以开始实验。

2. 测量霍尔元件灵敏度 K_H

移动二维移动尺，使霍尔元件处于电磁铁气隙中心，闭合励磁电流开关，调节励磁电流 $I_M=300\text{mA}$，由 $B=CI_M$ 求得并记录 B（C 的值见面板标牌）。

调节工作电流 $I_s=1.00\text{mA}$，2.00mA，…，10.00mA，通过换向开关在四种条件下测出对应的电压值，将数据填入表 5.3-2 中，进而计算霍尔电压 U_H，并绘制 U_H-I_s 关系曲线，求得斜率 K_1（$K_1=U_H/I_s$）。

根据公式（5.3-5）可知 $K_H=K_1/B$；据式（5.3-6）可计算载流子浓度 n（霍尔元件厚度 d 已知，见面板标牌）。

3. 测量一定 I_M 条件下电磁铁气隙中磁感应强度 B 的大小及分布情况

对磁感应强度 B 的测量应采用“先定性、后定量”的原则。即先定性观察霍尔元件沿 X 方向由磁场气隙的中间往左移动的整个过程中，U_H 的变化规律，对实验数据分布有一个初步了解，并在判断是否合理的基础上，着手进行定量测量。

（1）调节励磁电流 I_M 为 600mA，$I_s=5.00\text{mA}$。设定 I 和 $\boldsymbol{B}$ 的“正”方向后，将霍尔元件置于磁场气隙的中间，测出工作电流 I 和磁场 $\boldsymbol{B}$ 不同方向时，所对应的 U_1、U_2、U_3、U_4 四个电压（均取绝对值）。对数据无明显变化的范围，可增大测量的间距以减少测量点，而对开始变化的 U_H 值应将测量间隔定为 2.0mm。继续向左移动霍尔元件，测出相应的四个电压值，直至霍尔元件完全移出 C 型电磁铁；

（2）分别用式（5.3-7）和式（5.3-5）求出 U_H 和 B（K_H 实验已求得），并将数据填入表 5.3-3 中。根据磁场分布的对称性绘出磁感应强度 B 沿 X 轴方向的分布曲线。

4. 判定霍尔元件半导体类型（P 型或 N 型）

（1）根据电磁铁导线绕向及励磁电流 I_M 的流向，可判定气隙中磁感应强度 $\boldsymbol{B}$ 的方向。

（2）根据闸刀开关接线以及霍尔测试仪 I_s 输出端引线，可判定 I_s 在霍尔元件中的流向。

（3）根据换向闸刀开关接线以及霍尔测试仪 U_H 输入端引线，可以得出 U_H 正负与霍尔元件上正负电荷积累的对应关系。

（4）由 $\boldsymbol{B}$ 的方向、I_s 流向以及 U_H 的正负并结合霍尔元件的引脚位置可以判定霍尔元件半导体的类型（P 型或 N 型）。反之，若已知 I_s 流向、U_H 的正负以及霍尔元件半导体的类型，可以判定磁感应强度 $\boldsymbol{B}$ 的方向。

实验数据及处理

1. 测量霍尔元件灵敏度 K_H

表 5.3-2 霍尔电压 U_H 与工作电流 I_s 的关系

$I_M = 300\text{mA}$，$C =$ ____ mT/A

I_s/mA	U_1/mV	U_2/mV	U_3/mV	U_4/mV	$U_H = \frac{1}{4}(\|U_1\|+\|U_2\|+\|U_3\|+\|U_4\|)$ /mV
	$+I_M$，$+I_s$	$-I_M$，$+I_s$	$-I_M$，$-I_s$	$+I_M$，$-I_s$	
1.00					
2.00					
3.00					
4.00					
5.00					
6.00					
7.00					
8.00					
9.00					
10.00					

2. 测量一定 I_M 条件下电磁铁气隙中磁感应强度 B 的大小及分布情况

表 5.3-3 电磁铁气隙中磁感应强度 B 的分布

$I_M = 600\text{mA}$，$I_s = 5.00\text{mA}$

X/mm	U_1/mV	U_2/mV	U_3/mV	U_4/mV	$U_H = \frac{1}{4}(\|U_1\|+\|U_2\|+\|U_3\|+\|U_4\|)$ /mV	B/mT
	$+I_M$，$+I_s$	$-I_M$，$+I_s$	$-I_M$，$-I_s$	$+I_M$，$-I_s$		

注意事项

1. 由于励磁电流较大，所以千万不能将 I_M 和 I_s 接错，否则励磁电流将烧坏霍尔元件。

2. 霍尔元件及二维移动尺容易折断、变形，应注意避免受挤压、碰撞等。实验前应检查两者及电磁铁是否松动、移位，并加以调整。

3. 为了不使电磁铁因过热而受到损害，或影响测量精度，除在短时间内读取有关数据，通以励磁电流 I_M 外，其余时间最好断开励磁电流开关。

4. 仪器不宜在强光、高温、强磁场和有腐蚀性气体的环境下工作和存放。

分析与思考

1. 哪种附加效应对霍尔元件参数测量的影响较大？

2. 是否可以用霍尔元件测量地磁场的大小和方向？

实验 5.4 稳态法测定不良导体的导热系数

数学史话之变换大师——傅里叶

让·巴普蒂斯·约瑟夫·傅里叶（J. B. J. Fourier, 1768—1830），男爵，法国数学家、物理学家。主要贡献是在研究《热的传播》和《热的分析理论》时创立了一套数学理论，对19世纪的数学和物理学的发展都产生了深远影响。

傅里叶早在1807年就写成关于热传导的基本论文《热的传播》并向巴黎科学院呈交，但经拉格朗日、拉普拉斯和勒让德审阅后被科学院拒绝，1811年又提交了经修改的论文，该文获科学院大奖，却未正式发表。傅里叶在论文中推导出著名的热传导方程，并在求解该方程时发现解函数可以由三角函数构成的级数形式表示，从而提出任一函数都可以展成三角函数的无穷级数。傅里叶级数（即三角级数）、傅里叶分析等理论均由此创立。

由于对传热理论的贡献，傅里叶于1817年当选为巴黎科学院院士。

1822年，傅里叶出版了专著《热的解析理论》。这部经典著作将欧拉、伯努利等人在一些特殊情形下应用的三角级数方法发展成内容丰富的一般理论，三角级数后来就以傅里叶的名字命名。傅里叶应用三角级数求解热传导方程，为了处理无穷区域的热传导问题又导出了“傅里叶积分”，这一切都极大地推动了偏微分方程边值问题的研究。然而傅里叶的工作意义远不止于此，它推动了人们对函数概念的修正、推广，特别是引发了对不连续函数的探讨；而三角级数收敛性问题更是导致了集合论的诞生。因此，《热的解析理论》影响了整个19世纪分析严格化的进程。傅里叶于1822年成为科学院终身秘书。

导热系数是表征物体传热性能的物理量，它与材料本身的性质、结构、湿度及压力等因素有关。测量导热系数的方法一般分两类：稳态法和非稳态法。在稳态法中，先利用热源对样品加热，样品内部的温差使热量从高温处向低温处传导，则待测样品内部形成稳定的温度分布，根据这一温度分布就可以计算出导热系数。而在动态法中，最终在样品内部所形成的温度分布是随时间变化的。本实验采用稳态法。

实验目的

1. 了解热传导现象的物理过程。
2. 用稳态法测定热的不良导体——橡胶材料的导热系数。
3. 学习用温度传感器测量温度的方法。

实验原理

当物体内部温度不均匀时，热量会自动地从高温处传递到低温处，这种现象称为热传导，它是热交换的基本形式之一。设在物体内部垂直于热传导的方向上取相距为 h、温度分别为 T_1、T_2 的两个平行平面，如图 5.4-1 所示。由于 h 很小，可认为此二平面的面积均为 S，则在 Δt 时间内，沿平面 S 的垂直方向所传递的热量满足下列傅里叶导热方程式：

$$\frac{\Delta Q}{\Delta t}=\lambda S\frac{(T_1-T_2)}{h} \tag{5.4-1}$$

式（5.4-1）为热传导的基本公式，由法国数学家、物理学家傅里叶导出。式中，比例系数 λ 称为导热系数，又称热导率，它是表征材料热传导性能的一个重要参数。λ 与物体本身材料的性质及温度有关，材料的结构变化与杂质多少对 λ 都有明显的影响，同时，环境温度对 λ 也有影响。在各向异性材料中，即使同一种材料，其各个方向上的 λ 值也不一定相等。

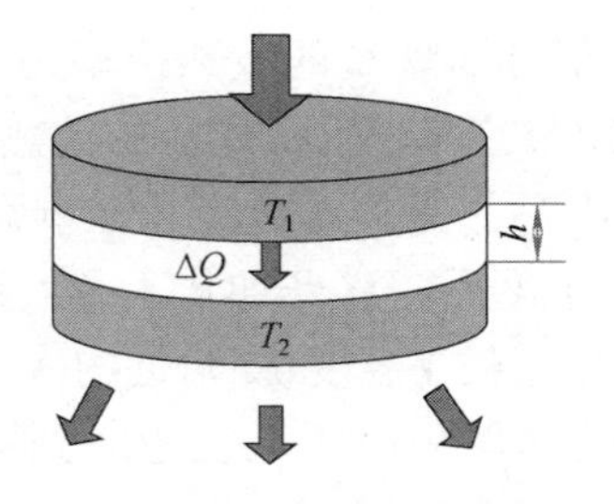

图 5.4-1　热传导

由式（5.4-1）知，导热系数 λ 在数值上等于两个相距单位长度的平行平面当温度相差一个单位时，在垂直于热传导方向上单位时间内流过单位面积的热量。在国际单位制中，λ 的单位是 W/m · K，过去也常用非国际单位制 cal/s · cm · ℃，它们之间的换算是 1cal/s · cm · ℃ = 418.68W/m · K。

实验装置如图 5.4-2 所示。固定于底座的三个支架上支撑着一个散热铜盘 C，铜盘 C 借助底座内的风扇达到稳定有效的散热。在铜盘 C 上安放待测橡胶样品 B，样品 B 上放置加热盘 A，加热盘 A 是由单片机控制的自适应电加热。

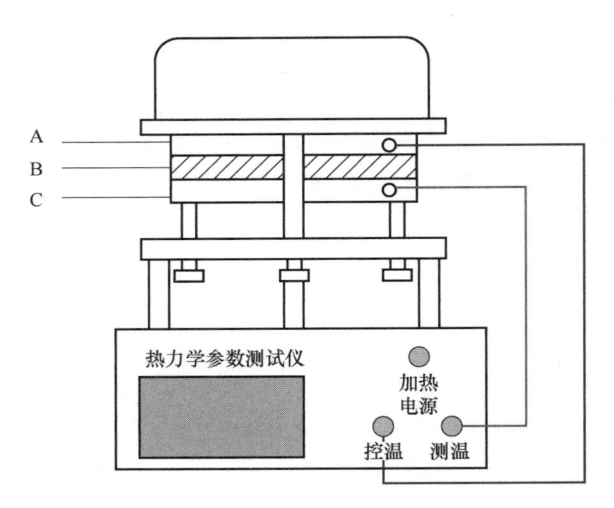

图 5.4-2 FD-TC-B 导热系数测定仪装置图

A—加热盘 B—待测橡胶样品 C—散热铜盘

加热时，加热盘 A 的底面直接将热量通过样品上表面传入样品，同时，样品把吸收到的热量通过样品下表面不断地向铜盘 C 散出，当传入样品的热量等于样品传出的热量时，样品处于稳定的热传导状态，此时样品上、下的温度分别为一稳定值，上面为 T_1，下面为 T_2。根据傅里叶导热方程式，稳态时样品的传热速率为

$$\frac{\Delta Q}{\Delta t}=\lambda S_{\mathrm{B}}\frac{(T_1-T_2)}{h_{\mathrm{B}}} \tag{5.4-2}$$

当样品达到稳态时，通过样品 B 的传热速率与铜盘 C 向周围环境的散热速率相等，即在相同的 Δt 时间内，向样品所传递的热量 ΔQ 等于铜盘 C 向周围环境所散失的热量 $\Delta Q_{散}$。铜盘 C 在温度降低 ΔT 时散失的热量为 $\Delta Q_{散}=m_{铜}c_{铜}\Delta T$，其中 $m_{铜}$和 $c_{铜}$分别为铜盘 C 的质量和比热容。因此，在稳定温度 T_2 附近铜盘 C 的散热速率为 $\Delta Q_{散}/\Delta t=m_{铜}c_{铜}\Delta T/\Delta t$。实验时只要设法获得铜盘的冷却速率 $\Delta T/\Delta t$，即可求得样品的传热速率 $\Delta Q/\Delta t$。

当读得稳态时的温度值 T_1、T_2 后，把样品拿走，让铜盘 C 与加热盘 A 的底面直接接触，使铜盘 C 的温度上升到高于 T_2 若干度后，移开加热盘 A，让铜盘 C 冷却，每隔一定的时间间隔采集一个温度值，由此求出铜盘 C 在温度 T_2 附近的冷却速率 $\Delta T/\Delta t$。

由于物体的冷却速率与它的散热面积成正比，考虑到铜盘 C 散热时，其表面是全部暴露在空气中，即散热面积是上、下表面与侧面，而实验中达到稳态散热时，铜盘 C 的上表面却是被样品覆盖着的，故需对 $\Delta T/\Delta t$ 加以修正。修正后，铜盘 C 的散热速率为

$$\frac{\Delta Q_{散}}{\Delta t}=m_{铜}c_{铜}\frac{\Delta T}{\Delta t}\frac{\pi R_{\mathrm{C}}^{2}+2\pi R_{\mathrm{C}}h_{\mathrm{C}}}{2\pi R_{\mathrm{C}}^{2}+2\pi R_{\mathrm{C}}h_{\mathrm{C}}}=m_{铜}c_{铜}\frac{\Delta T}{\Delta t}\frac{d_{\mathrm{C}}+4h_{\mathrm{C}}}{2d_{\mathrm{C}}+4h_{\mathrm{C}}}$$

因 $\Delta Q_{散}=\Delta Q$，即 $\Delta Q_{散}/\Delta t=\Delta Q/\Delta t$，代入式（5.4-2）得

$$\lambda=m_{铜}c_{铜}\frac{\Delta T}{\Delta t}\frac{d_{\mathrm{C}}+4h_{\mathrm{C}}}{2d_{\mathrm{C}}+4h_{\mathrm{C}}}\frac{h_{\mathrm{B}}}{T_1-T_2}\frac{4}{\pi d_{\mathrm{B}}^{2}} \tag{5.4-3}$$

式中，d_{C}、h_{C} 分别为散热铜盘 C 的直径和厚度；而 d_{B}、h_{B} 是样品 B 的直径与厚度。

实验仪器

本实验提供的主要器材有导热系数测定仪、电子天平、游标卡尺等。

实验内容

1. 将橡胶样品放在加热盘与散热盘中间，橡胶样品要求与加热盘、散热盘完全对准；调节底部的三个微调螺钉，使样品与加热盘、散热盘接触良好，但注意不宜过紧或过松。

2. 按照图 5.4-2 所示，插好加热盘的电源插头；再将两根连接线的一端与机壳相连，另一有传感器端插在加热盘和散热盘小孔中，要求传感器完全插入小孔中。在安放加热盘和散热盘时，还应注意使放置传感器的小孔上下对齐。

3. 开启电源后，进入设置界面，设置“预设温度”为 75.0℃，点击“开始”，加热盘即开始加热。测试仪上同时显示加热盘的温度（控温温度）和散热盘的温度（测温温度）。

4. 加热盘的温度上升到设定温度值时，打开散热风扇并观察散热盘的温度，约在 1min 内加热盘和散热盘的温度值基本不变，可以认为达到稳定状态，记下此时控温温度 T_1、测温温度 T_2。

5. 取走样品，调节三个螺钉使加热盘和散热盘接触良好，使散热盘温度上升到高于稳态时的 T_2 值 5~8℃即可，按复位键停止加热。

6. 挂起加热盘，让散热盘在风扇作用下冷却，每隔 20s 记录一次散热盘的温度示值，直至低于 T_2 5~6℃为止。从记录的数据中取出包含 T_2 的 10 个连续数据填入表 5.4-1 中。

7. 用游标卡尺测出样品 B 及散热铜盘 C 的厚度与直径，用电子天平称出铜盘 C 的质量，填入表 5.4-2 中。

实验数据及处理

表 5.4-1　散热盘在 T_2 附近自然冷却时的温度示值

环境温度 ______℃

稳态时的温度示值			高温 $T_1=$　　℃				低温 $T_2=$　　℃			
次　序	1	2	3	4	5	6	7	8	9	10
时间 t/s										
温度示值 T/℃										

用作图法拟合温度与时间的关系图，求出直线的斜率 $\Delta T/\Delta t$。

表 5.4-2　几何尺寸和质量的测量

次　序		1	2	3	4	5	6	平均
样品 B	厚度 h_B/cm							
	直径 d_B/cm							
散热铜盘 C	厚度 h_C/cm							
	直径 d_C/cm							
	质量 m/g							

由公式（5.4-3）计算待测材料的导热系数。

注意事项

1. 加热过程中，不要用手直接触碰加热盘、橡胶样品和散热盘，避免烫伤。
2. 样品与加热盘、散热盘接触良好，不宜过紧或过松。
3. 测温传感器要与加热盘和散热盘接触良好，一一对应，不可互换。

分析与思考

1. 实验中如何判断系统是否达到稳态？
2. 用稳态法测量热的不良导体，实验误差主要来源有哪些？

实验5.5　分光计的调节与应用

使星星变近的人——夫琅禾费

约瑟夫·冯·夫琅禾费（J. von Fraunhofer，1787—1826），德国物理学家，1787年出生于巴伐利亚一个贫困的玻璃匠家庭，幼年当学徒，后来自学了数学和光学。1806年，夫琅禾费在巴伐利亚的贝内迪克特博伊伦的光学工场当技工，1818年任经理，1823年担任慕尼黑科学院物理陈列馆馆长和慕尼黑大学教授。

夫琅禾费对光学和光谱学做出了重要贡献。他用几何光学理论设计和制造了消色差透镜，首创用牛顿环方法检查光学表面加工精度及透镜形状。他所制造的大型折射望远镜等光学仪器，负有盛名。这些成就使当时光学技术的权威由英国转移到德国，推动了精密光学工业的发展。1821年，夫琅禾费发表了平行光单缝衍射的研究结果（后人称平行光衍射为夫琅禾费衍射），做了光谱分辨率的实验，定量地研究了衍射光栅，用它测量了光的波长。1823年他又用金刚石刀刻制了玻璃光栅，给出了至今通用的光栅方程。

1814年，夫琅禾费用自己发明的分光仪，发现了太阳光谱中的数百条暗线，并对它们进行了仔细编号。为了纪念夫琅禾费的贡献，人们把那些暗线称为夫琅禾费线。夫琅禾费得到了一个结论：太阳光谱中的暗线是阳光本身的特征。由于那些暗线看上去虽然繁杂，但每一条却都有固定的位置（这也是夫琅禾费能对它们进行编号的基础），它们显然隐藏着某种奥秘，而且这奥秘必定与太阳有关。后来，随着光谱仪技术的进一步改良，以及照相技术的加盟，人们在太阳光谱中观测到的暗线数目也越来越多。

在夫琅禾费发现那些神秘暗线时，所有人都无法解释它们。1859年，著名物理学家基尔霍夫利用当年夫琅禾费亲手磨制的石英三棱镜组装出一台光谱仪，和著名化学家本生在实验室用本生发明的“本生灯”燃烧各种元素，并认真观察光谱，解开了谜团：太阳炽热表面的各种原子发出各种各样的光，这些光经过太阳外部相对冷的大气时，大气中的一些原子分别“拦截”了同类原子发出

的光，导致光谱图中某些位置的光变暗，形成了夫琅禾费线。根据这个原理，只要人们能在实验室中将各种元素发出的光的特征线一一确定，就可以根据太阳的夫琅禾费线推断出太阳大气中有哪些元素。

为了纪念夫琅禾费对这一切所做的重大贡献，人们在他的墓碑上刻下了这样一句墓志铭：他使星星变得更近。事实上，他不仅使星星变得更近，还为一个新领域的开创奠定了基础，因为整个天体物理学都是随着光谱学方法的应用而产生的。

5.5.1　分光计的结构与调节

分光计是一种精确测量光线偏转角度（如反射角、折射角、偏向角、衍射角等）的光学仪器。通过角度的测量，可以测定材料的折射率、光栅常数、光波长、色散率等许多物理量。分光计装置较精密，结构较复杂，调节要求也较高，对初学者来说，学习分光计实验有一定难度，既要掌握其基本结构和测量原理，又要严格按调节要求和步骤耐心操作。熟悉分光计的调节方法，对使用其他精密光学仪器（如单色仪、摄谱仪等）具有重要的指导意义。

分光计的基本结构

分光计的型号和规格较多，但基本结构和调节方法大致相同。实验室常用的JJY型分光计如图5.5-1所示，主要由望远镜、平行光管、载物台和读数盘组成。在分光计的底座上装有一竖直的轴，称为中心转轴，望远镜、载物台和读数盘皆可绕中心转轴转动。

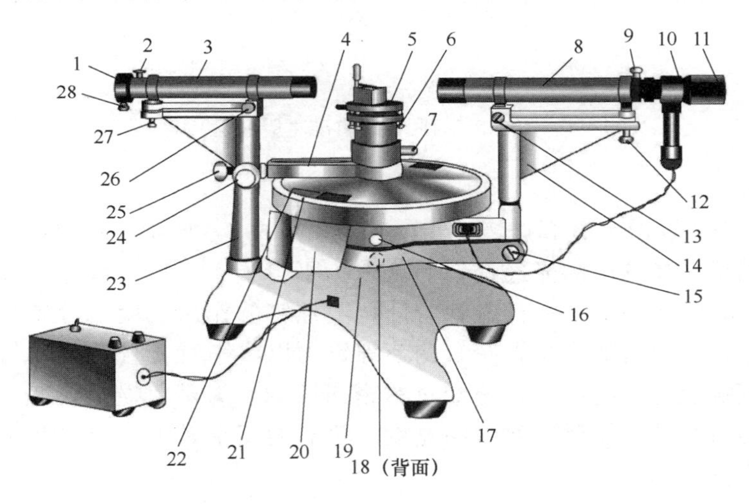

图5.5-1　JJY型分光计结构示意图

1—狭缝装置　2—狭缝装置锁紧螺钉　3—平行光管　4—制动架　5—载物台　6—载物台调平螺钉（3只）
7—载物台与游标盘锁紧螺钉　8—望远镜　9—目镜锁紧螺钉　10—阿贝式自准直目镜　11—目镜调节手轮
12—望远镜俯仰调节螺钉　13—望远镜左右调节螺钉　14—支臂　15—望远镜微调螺钉
16—刻度盘与望远镜锁紧螺钉　17—制动架　18—转座止动螺钉（在另一侧）　19—底座　20—转座
21—刻度盘　22—游标盘　23—立柱　24—游标盘微调螺钉　25—游标盘止动螺钉　26—平行光管左右调节螺钉
27—平行光管俯仰调节螺钉　28—狭缝宽度调节螺钉

1. 望远镜

本实验中的分光计使用的是阿贝式自准直望远镜，它由阿贝目镜、分划板和物镜组成，如图5.5-2a所示。分划板上刻有“╪”形准线，下方紧贴一块45°全反射小棱镜，其表面涂有不透明薄膜，薄膜上刻有一个透光的“十”字窗口。正对棱镜处开有小孔并装一小电珠，光线从小孔射入棱镜，经斜面全反射后照亮“十”字窗口。调节目镜调节手轮，可以在目镜视场中看到如图5.5-2a所示的亮“十”字。若在物镜前放一平面镜，调节目镜（连同分划板）与物镜的间距，当分划板处于物镜焦平面上时，小电珠发出的光透过空心十字窗口并经物镜后射于平面镜，反射光经物镜后在分划板上形成十字窗口的像。若平面镜镜面与望远镜光轴垂直，此像将对称落在准线上方的交叉点上，如图 5. 5-2b 所示。

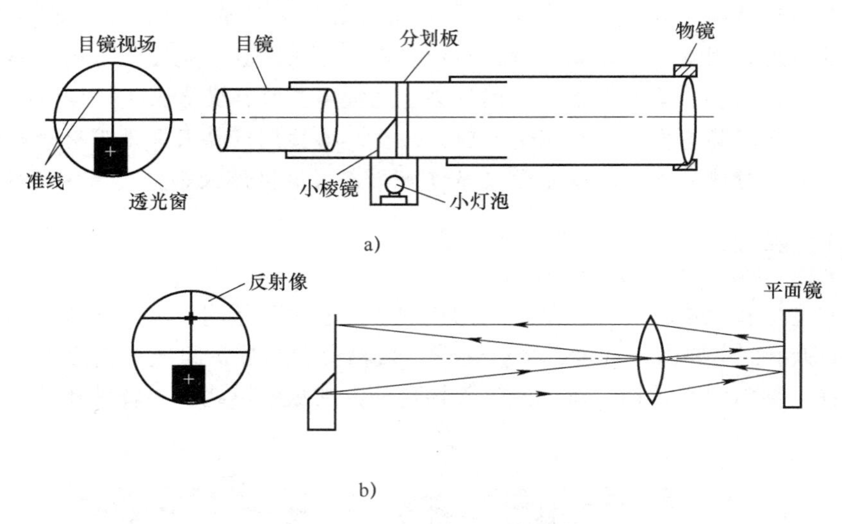

图 5. 5-2　阿贝式自准直望远镜

2. 平行光管

平行光管主要由狭缝装置和透镜组成，结构如图 5. 5-3 所示，只要将狭缝口调到透镜的焦平面上，则从狭缝发出的光经透镜后就成为平行光束。狭缝口与透镜之间的距离可以通过伸缩狭缝套筒来调节；平行光管俯仰调节螺钉的作用是使平行光管的光轴和分光计的中心转轴垂直；利用平行光管左右调节螺钉可以将平行光管的光轴与望远镜的光轴调整到同一条直线上。狭缝的刀口是经过精密研磨的，为避免损伤狭缝，只有在望远镜中看到狭缝像的情况下才能调节狭缝的宽度。狭缝的宽窄是否适当以及是否清晰将直接影响测量的准确程度。

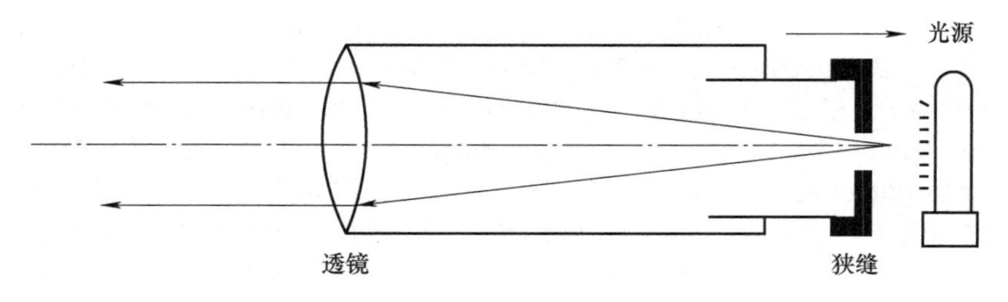

图 5. 5-3　平行光管

3. 载物台

载物台是放置光学元件（如三棱镜、平面镜、光栅等）的平台，高度可升降，也可绕分光计的中心转轴转动。平台下有三只水平调节螺钉，可控制载物台平面的水平度；旋紧载物台与游标盘锁紧螺钉，载物台将与游标盘固定在一起；松开载物台与游标盘锁紧螺钉，载物台可以单独绕分光计中心转轴转动，也可沿中心转轴升降。注意，除了需要升高或降低载物台外，载物台与游标盘锁紧螺钉在仪器调节和实验测量过程中应始终处于锁定状态。

4. 读数盘

读数盘是测量角度用的装置，由刻度盘和游标盘组成，它们都垂直于分光计中心转轴并可绕轴转动。游标盘可与载物台锁定在一起转动，刻度盘可与望远镜锁定在一起转动。刻度盘上刻有 720 条等分线，分度值为 0.5°（30′），0.5°以下则需要用游标来读数。游标上的 30 格与刻度盘上的 29 格相等，故游标分度值为 1′。读数盘的读数方法与游标卡尺相同，应先由游标盘零刻线所在位置获取刻度盘上的读数，再在游标盘上查看哪一条刻线与刻度盘刻线对齐。如图 5.5-4 所示，游标盘零刻线所在位置读数比 334°30′稍多些，所以刻度盘的读数记为 334°30′；此时游标盘上的第 17 格恰好与刻度盘上某一刻度对齐，则游标盘读数为 17′。因此该读数盘的读数为 334°30′+17′=334°47′。

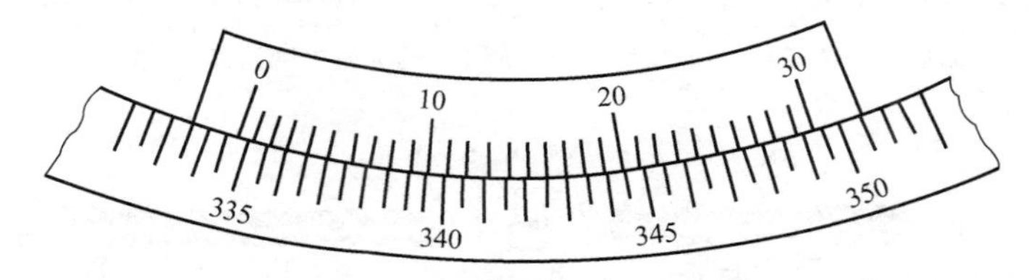

图 5.5-4　刻度盘与游标盘

为消除刻度盘和游标盘不同轴所带来的偏心差，在对称位置上设有两个角游标。测量时要同时记录两游标所在位置的读数。例如测量一个角度时，游标盘 1 和游标盘 2 前后两次所在位置读数分别为 φ_1、φ_2 和 φ_{10}、φ_{20}，则对应测得的角度为

$$\delta = \frac{1}{2}(|\varphi_{10} - \varphi_1| + |\varphi_{20} - \varphi_2|)$$

需要注意的是，如有一个游标越过 360°，计算时角坐标应加 360°。

分光计的调节

为了准确测量角度，测量前应了解分光计的结构及每个调节部位的作用和使用要求。一台调好的分光计须具备以下三个条件：①望远镜聚焦于无穷远，其中心光轴与分光计中心转轴垂直；②载物台平面与分光计的中心转轴垂直；③平行光管出射的光是平行光，其中心光轴与分光计的中心转轴相互垂直。

调节前应对照结构示意图和实物熟悉仪器，注意了解表 5.5-1 中各个调节螺钉的位置和使用要求，并遵循先粗调、后细调的原则。

表 5.5-1　仪器中各个螺钉的位置和作用或要求

结　构	螺钉名称	编　号	作用或要求
望远镜	目镜调节手轮	11	使视场中准线和十字窗口清晰
	目镜锁紧螺钉	9	视场中准线和十字窗口清晰后锁紧
	望远镜俯仰调节螺钉	12	调整望远镜光轴俯仰，调好望远镜后不能再动
	望远镜左右调节螺钉	13	与 26 号螺钉协调使用，便于调节两光轴的位置关系
	转座止动螺钉	18	望远镜和刻度盘止动控制，锁紧时可微调转动望远镜

（续）

结　构	螺 钉 名 称	编　号	作用或要求
读数盘	刻度盘与望远镜锁紧螺钉	16	使两者固定在一起，始终处于锁紧状态
	游标盘止动螺钉	25	调整分光计时松开，根据测量需要松开或锁紧
载物台	载物台与游标盘锁紧螺钉	7	一般处于锁紧状态，通过转动游标盘带动载物台旋转
	载物台调平螺钉（3 只）	6	螺钉呈正三角分布于台面下方，用于控制台面水平度
平行光管	狭缝宽度调节螺钉	28	在望远镜中看到狭缝像时使用
	狭缝装置锁紧螺钉	2	前后移动狭缝装置前松开，平行光管调好后锁紧
	平行光管左右调节螺钉	26	与 13 号螺钉协调使用，便于调节两光轴的位置关系
	平行光管俯仰调节螺钉	27	调整平行光管光轴俯仰，调好平行光管后不能再动

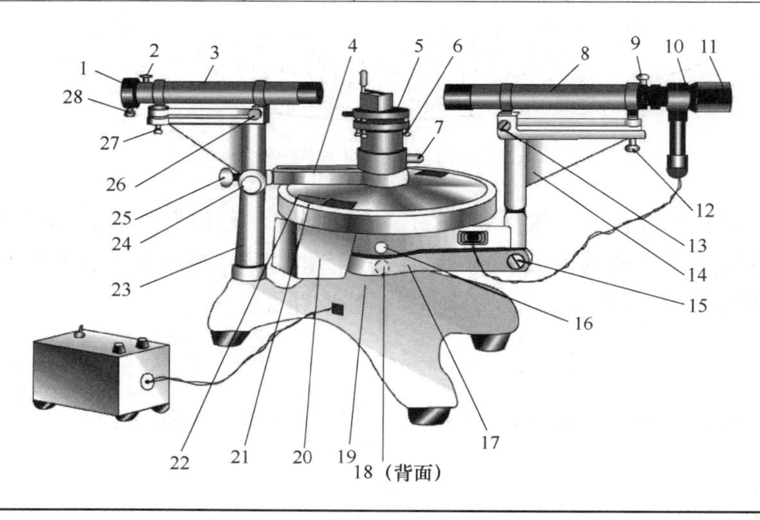

粗调是指凭肉眼观察判断，不可以粗心大意，要认真对待，仔细调节。粗调主要内容是：调节望远镜光轴（螺钉 12）、平行光管光轴（螺钉 27）和载物台平面（螺钉 6），使它们尽量与读数盘平行；调节望远镜和平行光管的左右位置（螺钉 13 和 26），使两者大致在一个竖直面内。粗调是进一步细调的前提，也是细调成功的保证。细调步骤如下：

1. 调节望远镜聚焦无穷远

（1）打开照明小灯电源，可在目镜视场中看到如图 5. 5-2a 中所示的"╪"形准线和绿色的小十字窗口。

（2）调节目镜调节手轮（螺钉 11），直到能够清楚地看到分划板上"╪"形准线为止。

（3）将双面平面镜的一面贴在望远镜物镜上并观察反射的亮"十"字像，若亮"十"字像较模糊或看不到，可拧松目镜锁紧螺钉（螺钉 9）并调节目镜与物镜的间距，直至亮"十"字像清晰后拧紧目镜锁紧螺钉。

2. 用自准法调节望远镜光轴与分光计中心转轴垂直

（1）锁紧 16 号螺钉，拧松 18 号螺钉，使刻度盘与望远镜锁定在一起转动；锁紧 7 号螺钉，拧松 25 号螺钉，将游标盘与载物台锁定在一起转动。

（2）将平面镜置于载物台中心位置并使镜面与台面下方 a、b 两螺钉的连线垂直，如

图 5. 5-5 所示，a、b 螺钉可以控制镜面俯仰，而螺钉 c 的调节与平面镜的俯仰无关。

(3) 转动游标盘，使平面镜前后镜面分别正对望远镜，在目镜视场中观察反射的亮“十”字像，如图 5. 5-6 所示。判断亮“十”字像与上叉丝线的距离，利用各半调节方法使两面反射的亮“十”字像均与“╪”形准线上交点重合，如图 5. 5-6c 所示。若在目镜中看不到反射的亮“十”字像，应分析原因或重新粗调。

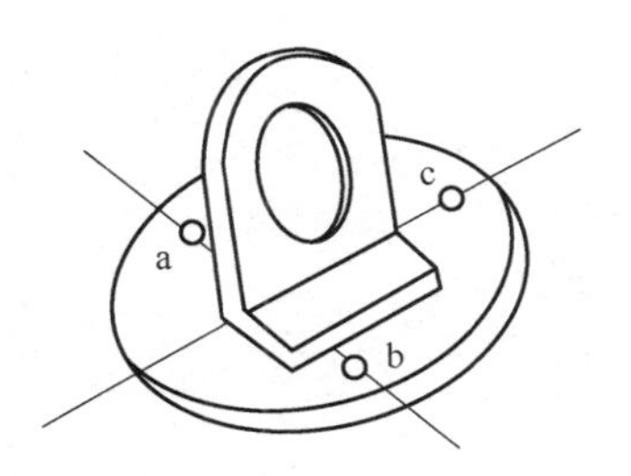

图 5. 5-5　平面镜的放置

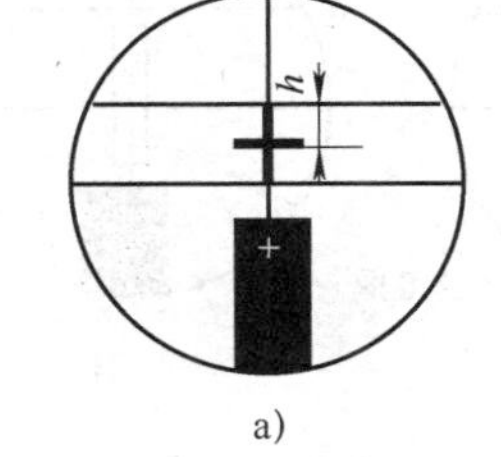

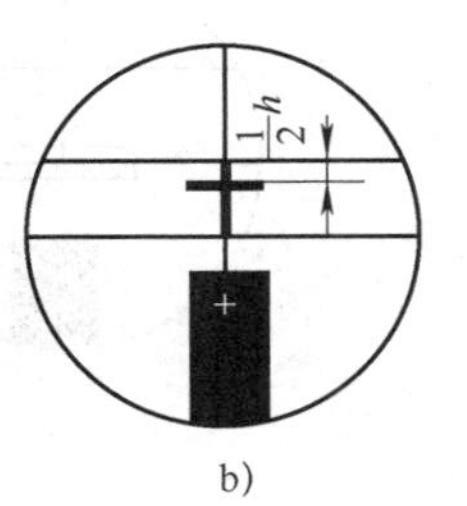

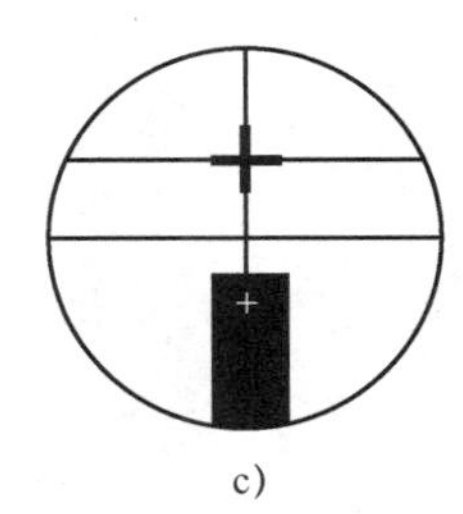

图 5. 5-6　观察到的亮“十”字像

各半调节方法使用的前提是：当望远镜分别对准平面镜前后两镜面时均能在目镜视场中观察到亮“十”字像。具体做法为：若观察到的亮十字像与叉丝上准线的垂直距离为 h，如图 5. 5-6a 所示，调节望远镜俯仰调节螺钉使差距减小为 $1/2h$，如图 5. 5-6b 所示；再调节载物台调平螺钉 a（或 b），消除另一半距离，使上准线与亮十字像重合，如图 5. 5-6c 所示；转动游标盘，使其带动载物台旋转 180°，当望远镜对着平面镜的另一反射面时，采用上述同样的方法调节；如此重复多次，直至无论平面镜哪个面正对望远镜时，亮十字像都能与分划板上方的水平准线重合为止，则说明望远镜光轴已垂直于分光计中心转轴了。

上述调节方法称为“各半调节”法或“逐次逼近”法。

切记：当望远镜光轴垂直于分光计中心转轴后，不可随意调整望远镜俯仰调节螺钉。

3. 调节载物台面与分光计中心转轴垂直

(1) 将平面镜旋转 90°，令其中一镜面正对台面下的第三只螺钉（如图 5. 5-5 中 c 螺钉），使用该螺钉控制镜面的俯仰。

(2) 转动游标盘，使平面镜其中一个镜面正对望远镜，在目镜中观察并通过调节 c 螺钉使亮“十”字像与“╪”形准线上交点重合，此时载物台面与分光计中心转轴垂直。

如果改变平面镜在载物台上的放置位置，在目镜视场中观察到的亮十字像与分划板上方的水平准线有可能不重合。这与平面镜装置的结构设计以及镜面底座与载物台台面的接触理想程度等因素有关。严格来讲，上述调节可使载物台台面大致水平或基本水平。所以，在放置其他光学元件时，应根据调节要求和测量需要对载物台调平螺钉进行适度的微调。

4. 调节平行光管使其产生平行光

用已调好的望远镜调节平行光管。当平行光管射出平行光时，则狭缝成像于望远镜物镜的焦平面上，在望远镜中就能清楚地看到狭缝像，并与准线无视差。

(1) 打开低压汞灯，转动望远镜至正对平行光管位置，通过望远镜观察狭缝像。

(2) 松开狭缝装置锁紧螺钉（图 5. 5-1 螺钉 2），前后伸缩狭缝装置，把光线聚焦清晰。

(3) 调节狭缝宽度调节螺钉（图 5. 5-1 螺钉 28）调整缝宽，使狭缝像的宽约为 1mm。

5. 调节平行光管光轴与望远镜光轴平行

(1) 旋转狭缝至水平状态（但前后不能移动），如图 5. 5-7a 所示。

（2）调节平行光管的俯仰调节螺钉（图 5. 5-1 螺钉 27），使观察到的狭缝像与中间水平准线重合。

（3）把狭缝转至铅直位置并需保持狭缝像最清晰而且无视差，如图 5. 5-7b 所示。

（4）旋紧狭缝装置锁紧螺钉。

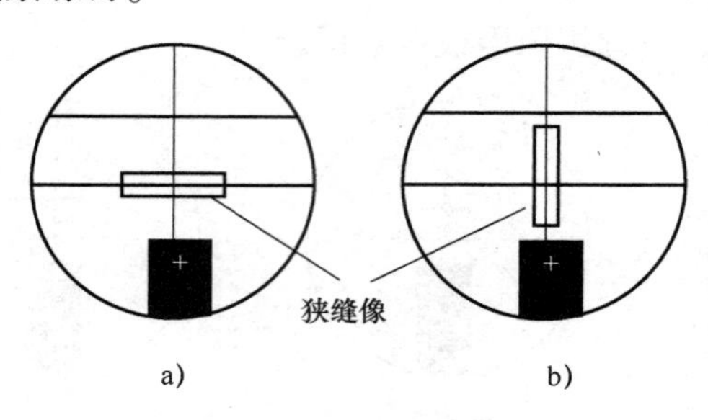

图 5. 5-7　调节平行光管

5.5.2　应用（一）　用分光计测定三棱镜的顶角

三棱镜是光学上横截面为三角形的透明体。它是由透明材料做成的截面呈三角形的光学器件，属于色散棱镜的一种，能够使复色光在通过棱镜时发生色散。

三棱镜如图 5.5-8 所示，$ABB'A'$ 和 $ACC'A'$ 是两个透光的光学表面，称为折射面，其夹角 A（或 α）称为三棱镜的顶角；$BCC'B'$ 为不透光的毛玻璃面，称为三棱镜的底面。

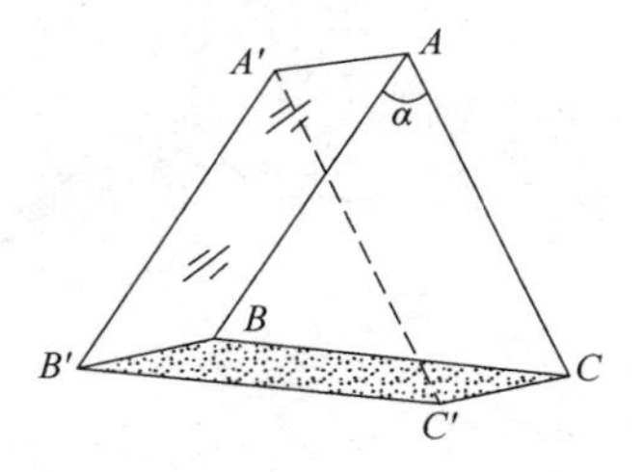

图 5.5-8　三棱镜

实验目的

1. 了解分光计的结构及各组成部件的作用。
2. 掌握分光计的调节要求和方法。
3. 使用分光计测定三棱镜的顶角。

实验原理

三棱镜顶角测量方法有自准法和平行光法两种。

1. 自准法测量三棱镜的顶角

自准法不需要使用平行光管，如图 5.5-9 所示，只要测出三棱镜两个光学面的法线之间的夹角 φ，即可求得顶角，即

$$A = 180° - \varphi$$

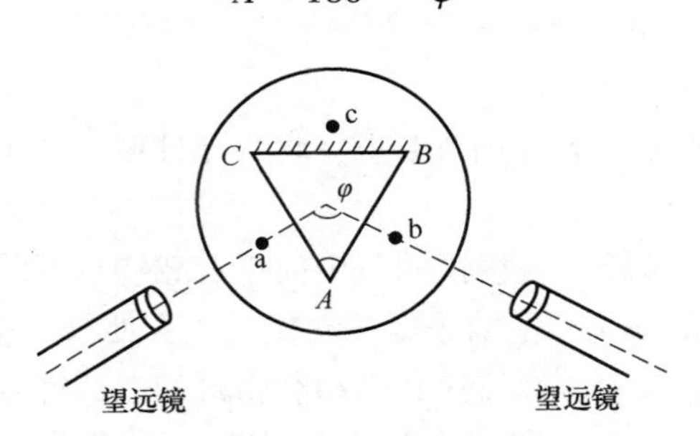

图 5.5-9　自准法测量三棱镜顶角

2. 平行光法测量三棱镜的顶角

平行光法测三棱镜顶角光路如图 5.5-10 所示，一束平行光被三棱镜的两个光学面反射

后，只要测出两束反射光之间的夹角 φ，即可求得顶角 $A=\frac{\varphi}{2}$。放置三棱镜时，其顶点应靠近载物台中心，否则反射光将不能进入望远镜中，如图 5. 5-11 所示。

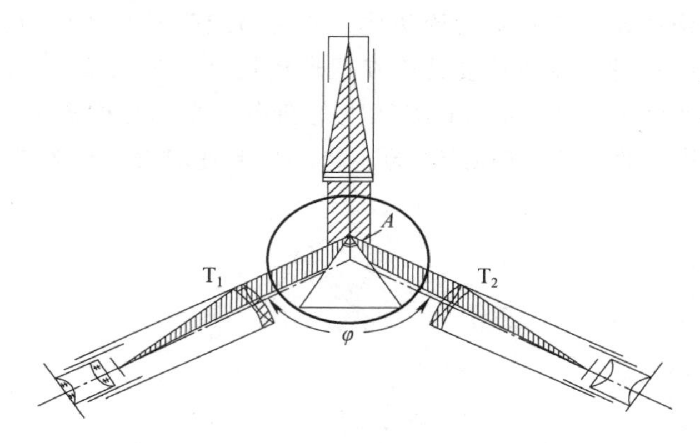

图 5. 5-10　平行光法测三棱镜顶角光路图

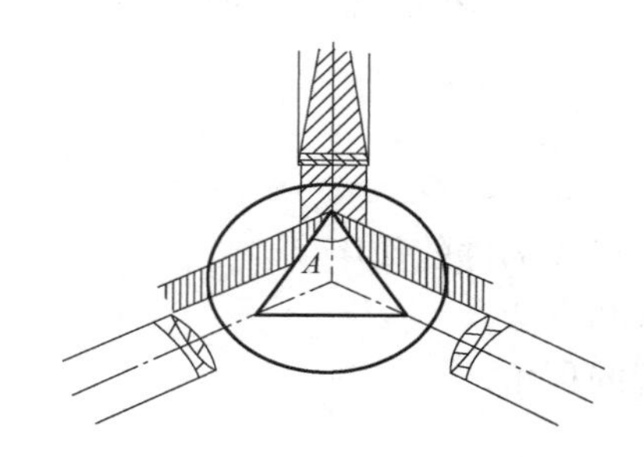

图 5. 5-11　三棱镜位置不合适

实验仪器

分光计、低压汞灯、平面镜、三棱镜。

实验内容

1. 分光计的调节

熟悉分光计的结构，根据分光计调节要求，将分光计调节到正常工作状态。

2. 自准法测三棱镜顶角

（1）按图 5. 5-9 放置三棱镜，使棱镜的三个面正对载物台下的三只调平螺钉。

（2）将游标盘固定，绕分光计主轴缓慢转动望远镜，使其光轴尽量与棱镜光学面垂直，或将望远镜与刻度盘固定，转动游标盘使其带动载物台和三棱镜旋转，令棱镜光学面与望远镜光轴尽量垂直。在目镜视场中观察“十”字叉丝像（由于反射率较低，像比较暗，要仔细观察）。

（3）微调该棱镜光学面正对的载物台下的螺钉（注意：不能调整望远镜的俯仰调节螺钉），使亮“十”字像与“$\ddagger$”形准线的上交点重合，此时三棱镜光学面的法线与望远镜光轴平行，记下两个游标位置读数 φ_1、φ_2。

（4）用同样的方法使望远镜光轴平行于三棱镜另一光学面法线，两个游标的位置读数记为 φ_1'、φ_2'。

（5）将测量数据填入表格 5. 5-2 中。

3. 平行光法测三棱镜顶角

按方法要求正确放置三棱镜，利用平行光法测三棱镜顶角，自拟数据表格。

实验数据及处理

表 5. 5-2　自准法测三棱镜顶角数据表

位置	游标 1	游标 2
Ⅰ	$\varphi_1=$	$\varphi_2=$
Ⅱ	$\varphi_1'=$	$\varphi_2'=$

三棱镜顶角

$$A=180^\circ-\frac{1}{2}\left(\left|\varphi_1'-\varphi_1\right|+\left|\varphi_2'-\varphi_2\right|\right)$$

注意：如有一个游标越过 360°，计算时角坐标应加 360°。

注意事项

1. 光学元件（平面镜、三棱镜等）要轻拿轻放，以免损坏，切忌用手触摸光学面。

2. 分光计是较精密的光学仪器，使用时要倍加爱护，在止动螺钉未松开之前不得强行转动望远镜、游标盘、刻度盘等，也不要随意拧动狭缝。

3. 在测量数据前该锁紧的部件一定要锁紧，如望远镜与刻度盘连成一体，固定游标盘、望远镜等，否则会出现较大测量误差甚至错误。

4. 狭缝是精密部件，为避免损伤，只有在望远镜中看到狭缝亮线像的情况下，才能调节狭缝的宽度。

5. 汞灯关闭后不要立即再开，须冷却后再开启。

分析与思考

1. 调节分光计时若找不到平面镜反射的十字像应该怎么做？

2. 测量角度中如有一个游标越过 360°，计算时角坐标为什么要加 360°？

3. 试总结平面镜在分光计调节中的作用。

5.5.3 应用（二） 用分光计测定三棱镜的折射率

折射率是物质的重要特性参数，也是光学材料品质的重要指标之一。材料的折射率与入射光的波长有关，同一棱镜对不同波长的光具有不同的折射率。当复色光（例如汞灯发出的光）经棱镜折射后，不同波长的光将产生不同的偏向而被分散开来。

测量折射率的方法有很多，最小偏向角法是常用方法之一。

实验目的

1. 进一步掌握分光计的调节和使用方法。
2. 观察三棱镜对复色光的色散现象。
3. 用最小偏向角法测定三棱镜对单色光的折射率。

实验原理

一束平行单色光入射到三棱镜的 AB 面，经折射后由另一面 AC 射出，如图 5.5-12 所示。入射光和 AB 面法线的夹角 i 称为入射角，出射光和 AC 面法线的夹角 i' 称为出射角，入射光和出射光之间的夹角 Δ 称偏向角，偏向角 Δ 随入射角 i 而变化。可以证明，当入射角 i 等于出射角 i' 时，入射光与出射光之间的夹角最小，称为最小偏向角，以 δ 表示。

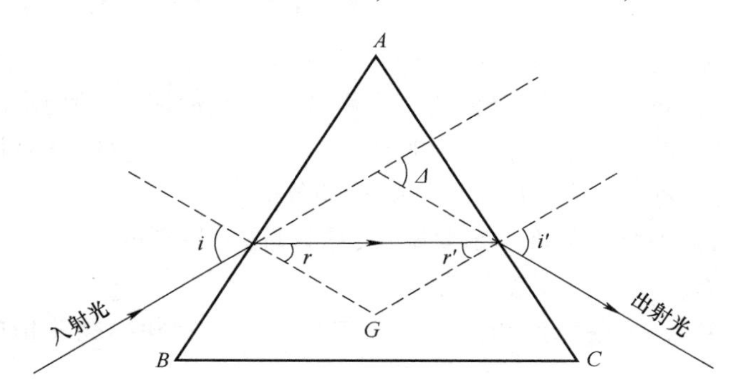

图 5.5-12 单色光经三棱镜折射

由图 5.5-12 可知，光线偏向角 $\Delta=(i-r)+(i'-r')$，其中 r 和 r' 分别为光线在 AB、AC 面时的出射角和入射角。当 $i=i'$ 时，由折射定律知 $r=r'$，此时

$$\delta = 2(i - r) \tag{5.5-1}$$

又因 $r+r'=2r=\pi-G=\pi-(\pi-A)=A$，所以

$$r = \frac{A}{2} \tag{5.5-2}$$

由式（5.5-1）和式（5.5-2）得

$$i = \frac{A + \delta}{2}$$

再由折射定律得

$$n = \frac{\sin\frac{A+\delta}{2}}{\sin\frac{A}{2}} \tag{5.5-3}$$

只要测出三棱镜顶角 A 和最小偏向角 δ，即可算出棱镜材料对该波长单色光的折射率 n。

实验仪器

分光计、低压汞灯、平面镜、三棱镜。

实验内容

1. 分光计的调节

根据分光计调节要求，将分光计调节到正常工作状态。

2. 观察棱镜色散现象

按图 5.5-13 所示放好三棱镜，注意游标盘不要被制动架（图 5.5-1 编号 4）遮挡。先直接透过三棱镜用眼睛观察平行光管及其中的彩色光谱出射的方向。然后将望远镜转到眼睛观察的方位，从望远镜中观察彩色谱线。通过相应调节，使望远镜视场中的谱线清晰明亮、宽度合适，且能看到两条紧邻的黄色谱线。

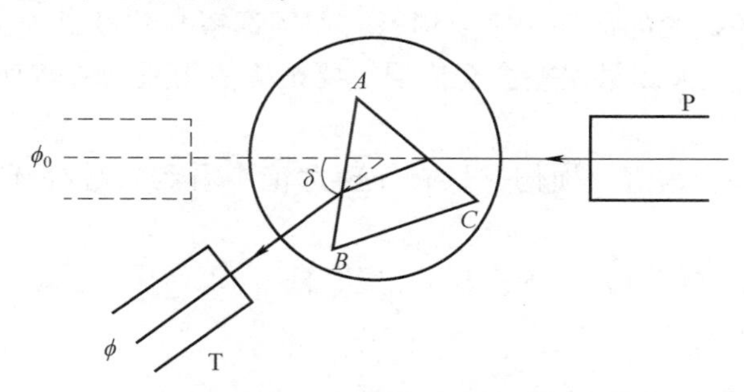

图 5.5-13　最小偏向角测量光路图

P—平行光管　T—望远镜　A—三棱镜顶角

3. 测量最小偏向角

（1）转动游标盘，使载物台连同三棱镜稍稍转动，同时观察谱线的移动方向，判断此时偏向角是增大还是减小。然后认定某一谱线（如绿光），再转动游标盘使谱线向偏向角减小的方向移动，并转动望远镜跟踪该谱线。当棱镜转到某个位置时，谱线不再移动，继续使游标盘沿原方向转动时，谱线反而向相反方向移动，即偏向角反而变大，此转折点位置即为最小偏向角位置。将望远镜叉丝竖线对准此谱线，再检查一次，确认已处于最小偏向角位置。

（2）锁定游标盘止动螺钉（图 5.5-1 螺钉 25），调整望远镜位置，使分划板中的竖直准线对准待测谱线，根据出射光的位置，记下两个游标的位置读数 φ_1 和 φ_2。

（3）移去三棱镜，转动望远镜对准平行光管，使狭缝谱线与竖直准线重合，根据入射光的位置，记下两个游标的位置读数 φ_{10} 和 φ_{20}，将测量数据填入表 5.5-3 中。

实验数据及处理

表 5.5-3　角度的测量

出射光位置读数		入射光位置读数		顶　角
$\varphi_1=$	$\varphi_2=$	$\varphi_{10}=$	$\varphi_{20}=$	$A=$

根据表 5.5-3 中的测量数据，求最小偏向角及三棱镜对该单色光的折射率。

其中，最小偏向角

$$\delta=\frac{1}{2}(|\varphi_{10}-\varphi_1|+|\varphi_{20}-\varphi_2|)$$

在测量过程中，如有一个游标越过 360°时，计算时角坐标应加 360°。

注意事项

1. 光学元件（平面镜、三棱镜等）要轻拿轻放，以免损坏，切忌用手触摸光学面。

2. 分光计是较精密的光学仪器，使用时要倍加爱护，在止动螺钉未松开之前不得强行转动望远镜、游标盘、刻度盘等，也不要随意拧动狭缝。

3. 在测量数据前该锁紧的部件一定要锁紧，如望远镜与刻度盘连成一体，固定游标盘、望远镜等，否则会出现较大测量误差甚至错误。要正确使用望远镜转动微调螺钉，以便提高测量准确度。

4. 狭缝是精密部件，为避免损伤，只有在望远镜中看到狭缝亮线像的情况下，才能调节狭缝的宽度。

5. 汞灯关闭后不要立即再开，须冷却后再开启。

分析与思考

1. 调节望远镜光轴与分光计主轴垂直时为什么要用各半调节法？

2. 若已经找到一种单色光的最小偏向角位置，此时其他的单色光是否也处于最小偏向角位置？δ 与波长 λ 大致满足的关系是什么？玻璃对什么颜色的光折射率大？

3. 如何求顶角、偏向角和折射率的不确定度？

实验 5.6　迈克耳孙干涉仪的调节与使用

物理学史上最伟大的否定性的实验

阿尔伯特·亚伯拉罕·迈克耳孙（A. A. Michelson，1852—1931），波兰裔美国籍物理学家。迈克耳孙主要从事光学和光谱学方面的研究，他以毕生精力从事光速的精密测量，在他的有生之年，一直是光速测定的国际中心人物。基于迈克耳孙在物理学上的杰出贡献，他被授予了 1907 年度诺贝尔物理学奖，从而成为美国第一个诺贝尔物理学奖获得者。

1. 20 世纪初，物理学上空的两朵乌云

在 19 世纪的最后一天，欧洲著名的科学家们欢聚一堂，会上英国著名物理学家开尔文发表了新年祝词，他在回顾物理学所取得的伟大成就时说：物理大厦已经建成，所剩只是一些修饰工作。同时，他在展望 20 世纪物理学前景的时候，却若有所思的讲道：动力理论肯定了光和热是运动的两种方式，但是现在，它美丽而晴朗的天空却被两朵乌云笼罩。他所说的第一朵乌云，主要是指迈克耳孙-莫雷实验的结果和当时理论认为光是通过以太作为媒质传播的假设相矛盾；他所说的第二朵乌云，主要是指热学中的能量均分定理在气体比热以及热辐射能谱的理论解释中得出与实验不等的结果。

2. 迈克耳孙干涉仪否定了以太的存在

什么是以太呢？19 世纪流行着的以太学说是随着光的波动理论而发展起来的，那时，由于对光的本性知之甚少，人们套用机械波的概念想象，必然有一种能够传播光波的弹性物质，这就是以太。物理学家们相信以太的存在，并把这种无处不在的以太看作绝对惯性系。用实验证明以太的存在，就成为许多科学家追求的目标。既然光的传播介质是以太，由此就产生了一个新的问题，假设太阳相对以太静止，而地球以 30km/s 的速度绕太阳运动，那他就必定会遇到每秒 30km 的以太风迎面吹来，同时，它也一定会对光的传播产生影响。如果存在以太，那么当地球穿过以太绕太阳公转的时候，在地球相对以太运动方向所测得的光速就应该大于在与运动垂直方向测得的光速。于是，迈克耳孙就设计了一个足以改变物理学发展史的装置，这就是迈克耳孙干涉仪。利用这个仪器，为了寻找以太存在的证据，迈克耳孙和莫雷（E. W. Morley）在不同的海拔高度、不同的纬度位置、不同的季节进行了多次的实验验证，按照当时的理论计算，如果实验装置旋转 90°，应该会观察到 0.4 个条纹的移动，而迈克耳孙和莫雷他们使用的仪器只能够测量到 0.01 个条纹的移动，实验的结果令人难以接受，甚至连他们自己也都不愿意相信。结果证明，光速在不同惯性系和不同方向上都是相同的。人们基本可以判定，地球不存在相对于以太的运动。由此，基本否定了以太的存在，也就是我们说的绝对静止参考系的存在。这是物理学史上最伟大的否定性的实验。或者我们也叫作最成功的失败实验。这次实验动摇了经典物理学的基础，为狭义相对论的建立铺平了道路。

迈克耳孙干涉仪是1883年美国物理学家迈克耳孙和莫雷合作，为研究“以太漂移实验”而设计制造出来的利用分振幅法产生双光束干涉的一种精密光学仪器。用它可以高度准确地测定微小长度、光的波长、透明体的折射率等。直至今日，由于迈克耳孙干涉仪设计原理简明、构思巧妙，仍然是各种干涉仪的设计基础，被广泛地应用于长度精密计量和光学平面的质量检验及高分辨率的光谱分析中。

实验目的

1. 掌握迈克耳孙干涉仪的工作原理和调节方法。
2. 理解等倾干涉、等厚干涉条纹的特点和形成条件，并观察等倾干涉现象。
3. 用迈克耳孙干涉仪测量激光波长。

实验原理

1. 迈克耳孙干涉仪的工作原理

迈克耳孙干涉仪是典型的用分振幅法产生双光束干涉的仪器。其光路如图 5.6-1 所示，G_1、G_2 是两块材料、形状相同，平行放置的平板玻璃。G_1 的一面镀有金属膜 T，称为分光板。光在金属膜 T 处被分成反射光束①和透射光束②，两束光的振幅（光强）基本相等。M_1 和 M_2 为两个互相垂直的平面反射镜，镜面与 G_1 成 45°角。①、②两束光经 M_1、M_2 反射后在 E 区相遇，产生干涉。

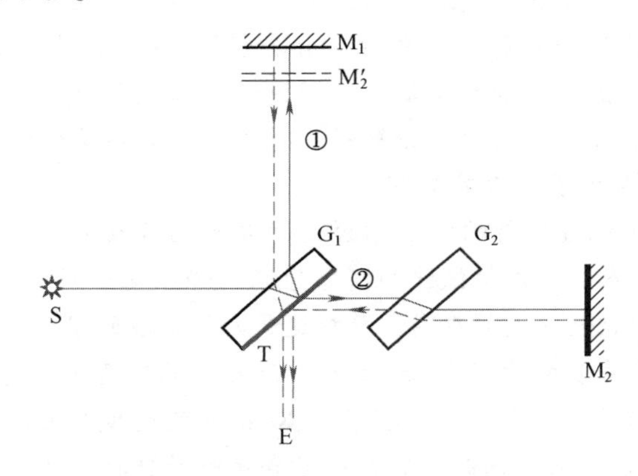

图 5.6-1　迈克耳孙干涉仪光路图

G_2 作为补偿板，保证了光束②在 G_2 中所走的光程与光束①在 G_1 中所走的光程相等，从而使两束光的光程差仅与平面镜 M_1、M_2 到 G_1 表面 T 的距离有关。

为了研究迈克耳孙干涉仪所形成的干涉现象，可作一虚平面 M_2'，它是平面镜 M_2 通过 G_1 表面的半反射膜 T 形成的虚像，其位置在 M_1 附近。当观察者在 E 区朝 G_1 方向观察时，光束②好像是从 M_2' 入射过来。因此，两束光在 E 区产生的干涉可以看成是由平面镜 M_1 与 M_2' 所反射的相干光形成的。由于平面镜 M_1 与 M_2 的相对位置不同，迈克耳孙干涉仪所产生的干涉可分为等倾干涉和等厚干涉。当 M_1 与 M_2 严格垂直，即 M_1 与 M_2' 严格平行时，可产生等倾干涉条纹；当 M_1 与 M_2' 接近重合，且有一微小夹角时，可得到等厚干涉条纹。

2. 等倾干涉与单色光波长测量

由于使用光源的不同，等倾干涉可分为定域等倾干涉和非定域等倾干涉。当使用扩展面光源（如钠灯、低压汞灯加上一块毛玻璃）时，形成的干涉称为定域等倾干涉；当使用点光源时，由干涉理论可知，两个相干的单色点光源发出的球面波在空间相遇会产生干涉，用一块毛玻璃屏放在两束光交叠的任意位置，都可接收到干涉条纹，称为非定域等倾干涉。

本实验采用一束激光，经一个短焦距透镜会聚后可认为是一个很好的点光源。

调节 M_1 与 M_2 相垂直，则 M_1 与 M_2'平行。设 M_1 与 M_2'间距为 d，点光源发出的光经 M_1、M_2 反射后产生几个虚光源，如图 5. 6-2a 所示，S′是点光源 S 在 G_1 的半反射膜 T 中形成的虚像，S_1'和 S_2'分别是 S′在 M_1、M_2'中所形成的虚像，显然 S_1'和 S_2'是一对相干点光源。它们发出的球面波在相遇空间处处相干，在光场 E 中任何位置都可看到干涉条纹，属于非定域等倾干涉。

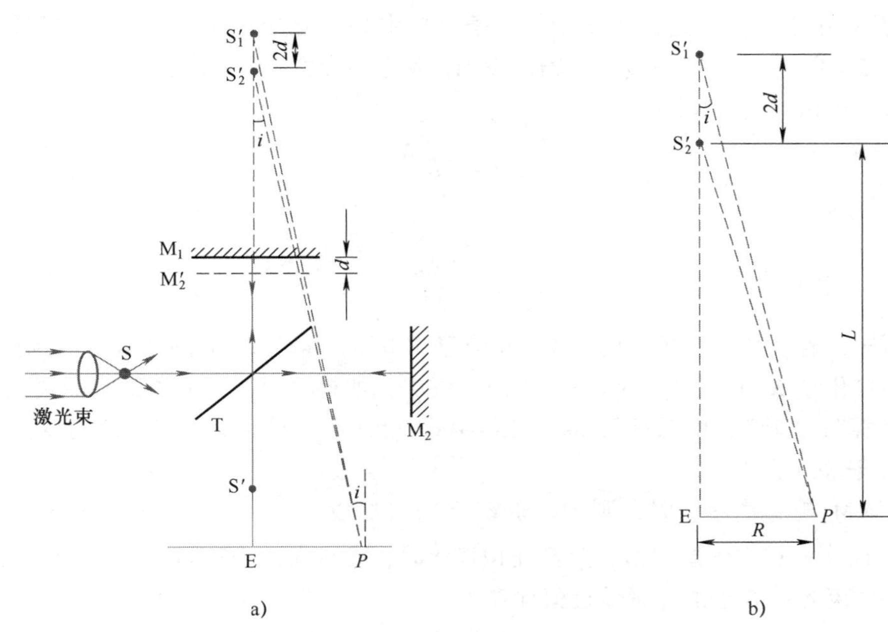

图 5. 6-2 非定域等倾干涉

图 5. 6-2a 中，S_1'、S_2'和 S′三者共线。由于 M_1 与 M_2'相距为 d，则 S_1'与 S_2'相距 $2d$。由图 5. 6-2b 可以得出，在垂直于 S_1'、S_2'连线的 E 处平面上，点光源 S_1'、S_2'到达该平面上任意一点 P 的光程差为

$$\Delta = \sqrt{(L+2d)^2+R^2} - \sqrt{L^2+R^2}$$
$$= \frac{(L+2d)^2+R^2-(L^2+R^2)}{\sqrt{(L+2d)^2+R^2}+\sqrt{L^2+R^2}}$$

因 $L \gg d$，所以上式可简化为

$$\Delta = \frac{4Ld}{2\sqrt{L^2+R^2}} = 2d\cos i \tag{5. 6-1}$$

式（5. 6-1）中，当 d 一定时，光程差 Δ 仅取决于入射角 i。有相同的入射角 i，就有相同的

光程差 Δ。i 的大小，就决定干涉条纹的明暗性质和干涉级次。这种由入射倾角决定的干涉称为等倾干涉。其干涉条纹是一系列与不同倾角 i 相对应的同心圆环。其中明暗条纹所满足的条件为

$$2d\cos i=\begin{cases}k\lambda & \text{明条纹}\\(2k+1)\dfrac{\lambda}{2} & \text{暗条纹}\end{cases} \tag{5.6-2}$$

由式（5.6-2）可知：

（1）d 一定，随着 i 从零开始变大，干涉条纹级次 k 由大变小。各级条纹分布由粗而清晰变为细而模糊，间距由大变小。

（2）当 d 变化时，如 d 减小，对于观察到的某一级条纹 k_n，为了保持其光程差 $2d\cos i_n$ 为常数，只有 $\cos i_n$ 增大，即 i_n 必须减小，因此可以看到 k_n 级圆环将随着 d 的减小而逐渐"缩进"（吞）中心处。反之，当 d 增大，条纹自中心"冒出"（吐），向外扩张。当 M_1、M_2'重合时，$\Delta=0$，中心扩展到整个视场。设 M_1 移动 Δd 时，条纹中心"吞"（"吐"）Δk 个圆环条纹，则由式（5.6-2）得

$$\Delta d=\Delta k\frac{\lambda}{2} \tag{5.6-3}$$

或写成

$$\lambda=\frac{2\Delta d}{\Delta k} \tag{5.6-4}$$

由上可知，若已知入射光波长为 λ，并确定"吞"（"吐"）的圆环数 Δk，则 M_1 与 M_2' 之间的距离变化量 Δd 可由式（5.6-3）求出。反之，如果测出 M_1 与 M_2'之间的变化量 Δd 及条纹中心"吞"（"吐"）的圆环数 Δk，即可由式（5.6-4）计算出入射光源的波长 λ。

3. 等厚干涉（选做）

当 M_1 与 M_2 略偏离垂直时，则 M_1 与 M_2'之间将形成一个有微小夹角 φ 的楔形空气层，如图 5.6-3a 所示。在空气层很薄，观察面积很小时，考查 M_1 镜面处的干涉情况，当 φ 很小时，①、②两束光在 B 点的光程差近似计算为

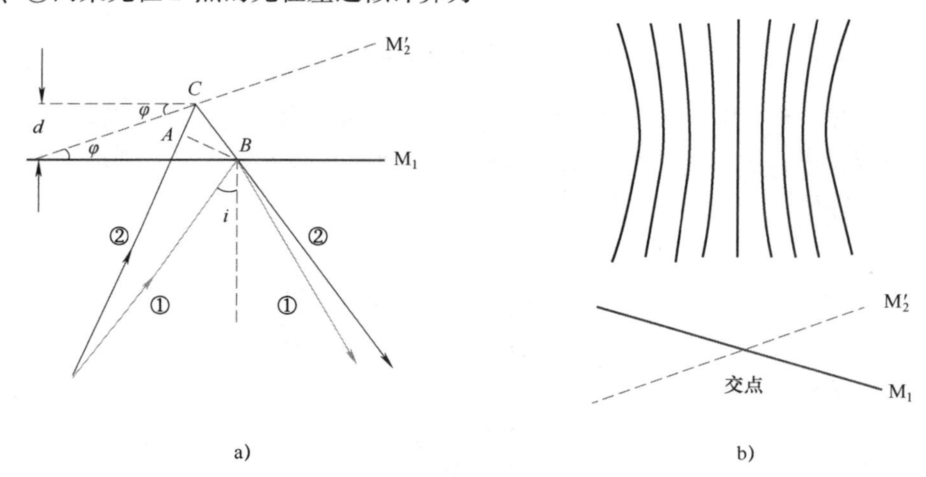

图 5.6-3　等厚干涉光路图

$$\Delta = \overline{AC} + \overline{BC} \approx 2d\cos i = 2d\left(1 - 2\sin^2\frac{i}{2}\right) \approx 2d\left(1 - \frac{i^2}{2}\right) = 2d - di^2 \qquad (5.6\text{-}5)$$

当 M_1 与 M_2'相交时，其交线上 $d=0$，即 $\Delta=0$，故在交线处产生一直线条纹，称为中央条纹。在靠近交线两侧，由于 d 和 i 都很小，式（5.6-5）中 di^2 项可忽略，则有 $\Delta\approx 2d$，产生近似直线的干涉条纹且与中央条纹平行。此时，因光程差仅与空气层厚度有关，故称为等厚干涉。若此时改变 M_1 与 M_2'的相对位置，由于 d 的变大导致式（5.6-5）中 di^2 项影响增大，条纹发生明显弯曲，如图 5.6-3b 所示，弯曲方向均凸向 M_1 和 M_2'的交线，且离交线越远 d 越大，弯曲越明显。

实验仪器

迈克耳孙干涉仪、激光源、直尺等。

迈克耳孙干涉仪简介

实验室常用的迈克耳孙干涉仪如图 5.6-4 所示。M_1 和 M_2 是在相互垂直的两臂上放置的两个平面反射镜，镜面背后各有几只调节螺钉，用来调节镜面的方位。M_2 是固定的，在其下方附有一对互相垂直的拉簧螺钉，可对 M_2 进行更精细的调节。转动粗调手轮或微调手轮可使 M_1 沿精密导轨前后移动。

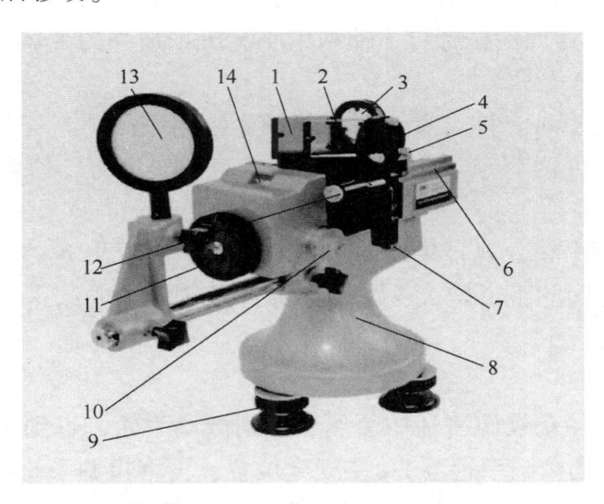

图 5.6-4　迈克耳孙干涉仪结构图

1—分光板G_1　2—补偿板G_2　3—可移动反射镜M_1　4—固定反射镜M_2　5—M_2 调节螺钉
6—导轨　7—垂直拉簧螺钉　8—底座　9—底座水平调节螺钉　10—微调手轮
11—粗调手轮　12—水平拉簧螺钉　13—毛玻璃观察屏　14—读数窗口

确定 M_1 的坐标位置需要三个读数装置，如图 5.6-5 所示，粗调手轮每转一周（100 等分），M_1 在导轨上移动 1mm（从一侧的主尺上读出），若粗调手轮转动 1 格（从读数窗口读数），则 M_1 移动 0.01mm。而微调手轮每转一周（100 等分），粗调手轮则刚好转过一格（0.01mm），若微调手轮转过一格，则 M_1 移动 0.0001mm，读数时再估读到 10^{-5}mm。上述三个读数之和，就是 M_1 的位置读数。

考虑到粗调手轮和微调手轮之间的联动性，迈克耳孙干涉仪在测量数据前应先进行

“零点”校准，测量过程中应保证 M_1 移动方向的单一性。

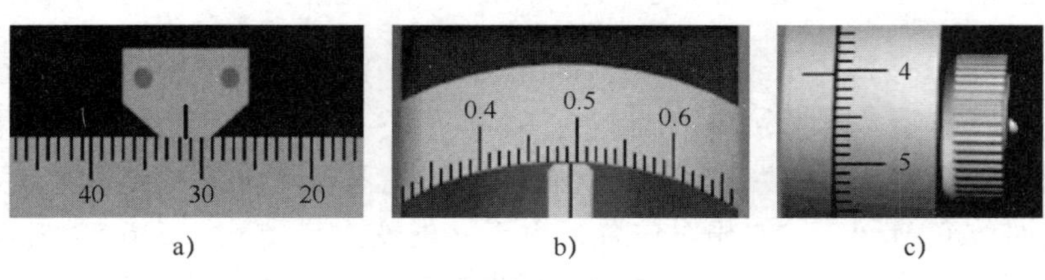

a) b) c)

最终读数：31.49405mm

图 5.6-5 迈克耳孙干涉仪读数装置

a）主尺 b）读数窗口 c）微调手轮

实验内容

1. 观察非定域等倾干涉现象

（1）转动粗调手轮，利用直尺使 M_1、M_2 镜面至 T 的距离基本相等。为保证仪器的正常使用和后面调节方便，M_1 和 M_2 背面的螺钉及 M_2 下方的两个拉簧螺钉应处在半松紧状态。

（2）点亮激光光源，从 E 区用眼睛可观察到两组分别来自 M_1、M_2 反射的横向分布的小亮斑。调节 M_1 和 M_2 背面微调螺钉，使两组小亮斑中最亮的光斑大致重合，则 M_1 和 M_2 镜面大致垂直。

（3）在 E 区放置观察屏，即可看到一组等倾干涉同心圆环。若此时同心圆环的圆心没有位于观察屏的中心，可调节 M_2 下方的水平和垂直拉簧螺钉，使圆心移动到观察屏中心区域。

（4）慢慢转动粗调手轮，观察条纹的疏密变化及“吞吐”现象，如干涉圆环条纹自中心冒出，则 M_1 与 M_2' 之间的距离增大；如干涉圆环条纹向中心缩进，则 M_1 与 M_2' 之间的距离减小。

2. 测定激光波长

（1）转动粗调手轮使条纹疏密适中，然后转动微调手轮，直到条纹出现“吞”（“吐”）为止。继续沿原方向转动微调手轮至“0”刻度位置，再将粗调手轮按与微调手轮相同的转动方向转到某一整刻度上，此过程即为“零点”校准，注意不要引入空程差！

（2）继续沿原方向转动微调手轮，当连续“吞”（“吐”）若干个条纹（如 20 个）后，记下 M_1 的初始位置读数 d_1。

（3）再按原方向继续转动微调手轮，逐次记下中心每“吞”（“吐”）一定数量的条纹（如 50 个）时 M_1 的位置读数 d_2，d_3，d_4，…，d_{10}。

3. 观察等厚干涉现象（选做）

（1）在观测等倾干涉的基础上，转动粗调手轮，使 M_1 与 M_2' 之间距离减小，条纹变疏变粗，当视场只剩两三个圆环条纹时，则可微调 M_2 的水平拉簧螺钉，使 M_2 产生微小倾角，此时可观察到弯曲的条纹，记录下条纹的弯曲方向。

（2）转动微调手轮，让动镜 M_1 缓慢平移，条纹将渐渐变直，此时为严格的等厚干涉。继续转动微调手轮，则条纹弯曲方向与开始弯曲的方向相反。

(3) 观察干涉条纹的变化规律，即条纹形状、粗细、疏密，分析 M_1 与 M_2'的相对位置，并用系列图示说明。

实验数据及处理

1. 用迈克耳孙干涉仪测量激光波长，将实验数据填入表 5. 6-1 中。

表 5. 6-1　迈克耳孙干涉仪测量激光波长实验数据表

i	1	2	3	4	5
d_i/mm					
d_{i+5}/mm					
Δd_i/mm					

2. 用逐差法求出激光波长 λ，并与波长标准值进行比较，计算相对误差 E。

注意事项

1. 迈克耳孙干涉仪是精密的光学仪器，各部件的调整机构均极精密，调整的范围也有一定限度，调整时必须仔细、认真、轻缓。严禁触摸各光学器件的表面。

2. 调节迈克耳孙干涉仪各螺钉特别是 M_1 和 M_2 镜面背后的螺钉及拉簧螺钉时用力要适度，否则会使干涉仪镜面变形影响测量精度，甚至损坏仪器。

分析与思考

1. 用迈克耳孙干涉仪测量激光波长时，微调手轮始终只能朝一个方向转动，为什么？

2. 为什么 M_1 与 M_2'必须完全平行时，才能见到一组同心的圆形干涉条纹？如果 M_1 与 M_2'不平行，将出现什么样的干涉条纹？

实验 5.7　密立根油滴实验

密立根生平及重大贡献

罗伯特·安德鲁·密立根（R. A. Millikan，1868—1953）是美国一位了不起的实验物理学家。他进行了一系列测定电子电荷以及光电效应的工作，其中最为知名的是精确地测量出基本电荷的数值，以及验证了爱因斯坦的光电效应方程，并因此而获得了 1923 年的诺贝尔物理学奖。

密立根 1868 年 3 月 22 日出生于美国伊利诺伊州的莫里森。1886 年进入俄亥俄州的奥柏森大学，1893 年取得硕士学位。1895 年从哥伦比亚大学物理系博士毕业，并成为该系的第一位物理学博士。1896 年任教于美国芝加哥大学。1921 年，密立根转到加州理工学院物理系任实验室主任。1953 年 12 月 19 日密立根在加州逝世，终年 85 岁。

从 1907 年开始，密立根就致力于改进威尔逊云雾室中对 α 粒子电荷的测量，并且成效显著，得到卢瑟福的肯定。

1909—1917 年，密立根在前人工作的基础上，借助于挥发性小的油滴，准确地测量出了基本电荷的数值。

1916 年，密立根的实验结果完全肯定了爱因斯坦光电效应方程，并且测出了当时最精确的普朗克常量 h 的值。

同时，他还在元素火花光谱学方面进行了研究工作，测量了紫外线与 X 射线之间的光谱区，发现了近 1000 条谱线。

密立根提出了科学名词“宇宙线”，并发现了宇宙线中的“α 粒子、高速电子、质子、中子、正电子。

他还用加了强磁场的云室对宇宙线进行实验研究，这促使他的学生安德森在 1932 年发现正电子。

密立根油滴实验是近代物理学中直接测定电子电荷的著名实验，是用宏观的力学模式来解释微观粒子的量子特性。密立根油滴实验用经典力学的方法，揭示了微观粒子的量子本性。因为它的构思巧妙、原理清楚、设备简单、结果准确，从而被视为物理实验的一个光辉典范。同时，它还是一个著名而有启发性的物理实验。我们重做密立根油滴实验时，应学习物理学家精湛的实验技术、严谨的科学态度及坚韧不拔的探索精神。

实验目的

1. 通过该实验测定基本电荷，验证电荷的“量子化”，即电荷的不连续性。
2. 掌握油滴实验的方法与特点。
3. 学习电视显微的测量方法。

实验原理

如图 5.7-1 所示，质量为 m、带电量为 q 的油滴处在两块水平放置的平行极板之间，两极板间距离为 d，极板上加有电压 U，极板间的电场强度则为 $E=U/d$。油滴在极板中受到的电场力为 $qE=qU/d$，重力大小为 mg。改变极板间的电压 U，就可以改变油滴受到的电场力的大小和方向，当油滴在空中静止时，电场力与重力平衡，可以得到

$$q = mg\frac{d}{U} \tag{5.7-1}$$

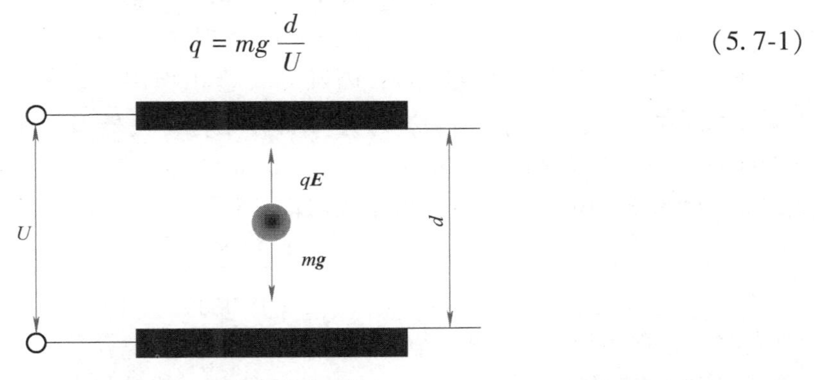

图 5.7-1　电场中的油滴

为了测定油滴所带电荷 q，除应测出 U、d 外，还必须测出油滴的质量 m。由于油滴非常小（质量约在 10^{-15}kg 数量级），用常规的方法是无法测量的，故采取如下方法测量。

两极板间未加电压时，油滴受重力作用而下落，如图 5.7-2 所示。下落过程中同时受到向上的空气黏滞阻力 $\boldsymbol{F}_r$ 的作用。随着下落速度的增加，黏滞阻力增大，当 $F_r=mg$ 时，油滴将以某一速率 v_0 匀速下落。根据斯托克斯定律，有

$$F_r = 6\pi\eta r v_0 = mg \tag{5.7-2}$$

式中，η 为空气的黏度；r 为油滴的半径；v_0 为油滴的下落速率。

由于油滴极小（直径约为 10^{-6}m），在表面张力的作用下油滴形状呈球形，则油滴质量可以表示为

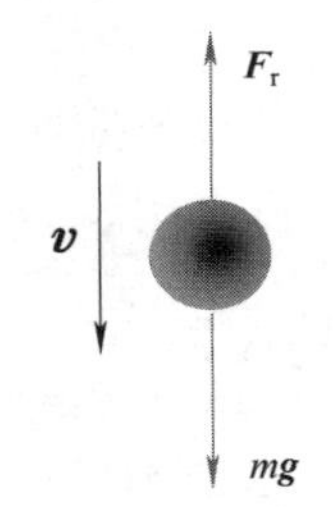

图 5.7-2　运动油滴

$$m = \frac{4}{3}\pi r^3 \rho \tag{5.7-3}$$

式中，ρ 为油的密度。结合式（5.7-2）和式（5.7-3），可求得油滴的半径为

$$r=\sqrt{\frac{9\eta v_0}{2\rho g}} \tag{5.7-4}$$

将式（5.7-4）代回式（5.7-3），则油滴的质量为

$$m=\frac{4}{3}\pi\rho\left(\frac{9\eta v_0}{2\rho g}\right)^{\frac{3}{2}} \tag{5.7-5}$$

考虑到对如此小的油滴来说空气已不能视为连续媒质，加上空气分子的平均自由程和大气压强 p 成正比等因素，空气的黏度应修正为

$$\eta'=\frac{\eta}{1+\frac{b}{pr}} \tag{5.7-6}$$

式中，b 表示修正常数；p 表示大气压强。相应地，式（5.7-5）应修正为

$$m=\frac{4}{3}\pi\rho\left[\frac{9\eta v_0}{2\rho g(1+b/pr)}\right]^{\frac{3}{2}} \tag{5.7-7}$$

设油滴匀速下落的距离为 l，所用时间为 t，结合式（5.7-7）和式（5.7-1）可得

$$q=\frac{18\pi}{\sqrt{2\rho g}}\left[\frac{\eta l}{t(1+b/pr)}\right]^{\frac{3}{2}}\frac{d}{U} \tag{5.7-8}$$

式（5.7-8）分母中仍包含 r，因其处于修正项内，不需十分精确，计算时可用 $r=\sqrt{9\eta l/2\rho g t}$ 代入。η、l、ρ、g、d 均为与实验条件、仪器有关的参数。$\rho=981\text{kg/m}^3$，$g=9.794\text{m/s}^2$，$\eta=1.83\times10^{-5}\text{kg/m}\cdot\text{s}$，$l=2.00\times10^{-3}\text{m}$，$b=8.226\times10^{-3}\text{m}\cdot\text{Pa}$，$p=1.013\times10^5\text{Pa}$，$d=5.00\times10^{-3}\text{m}$。将以上数据代入式（5.7-8）得

$$q=\frac{1.43\times10^{-14}}{\left[t(1+0.0200\sqrt{t})\right]^{\frac{3}{2}}U} \tag{5.7-9}$$

式（5.7-9）即为静态（平衡）法测油滴电荷的公式。

对实验测得的各个电荷 q_i 求出的最大公约数，就是基本电荷 e 的值。由于实验时总是存在各种误差因素，求出各 q_i 值的最大公约数比较困难，所以通常都是用“逆向验证”的方法进行数据处理。方法如下：将实验测量的电荷值 q_i 除以公认的电子电荷量 $e=1.602\times10^{-19}\text{C}$，得到一个接近于某一整数的数值 $n_i'=q_i/e$，在误差允许的范围内，这一数值的整数部分 n_i 即为油滴所带的基本电荷数。再用实验测量的各个电荷 q_i 除以 n_i，即得电子电荷量 $e_i=q_i/n_i$。

这种数据处理方法只能作为一种实验验证，且只能在油滴电荷量较少（少数几个电子）时可以采用。

实验仪器

MOD-5C 型密立根油滴仪（见图 5.7-3）、喷雾器、实验用油等。

油滴仪主要由油雾室、油滴盒、CCD 电视显微镜、电路箱、监视器等组成。

油雾室用透明有机玻璃制成，其上有喷雾口和油雾孔，可以拉动铝片开关油雾孔。

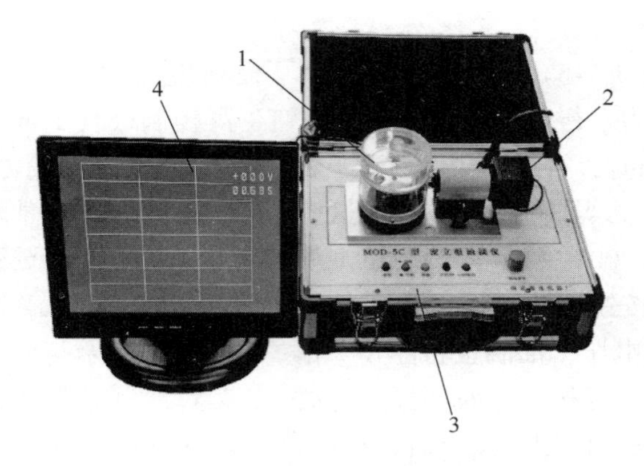

图 5.7-3　MOD-5C 型密立根油滴仪

1—油滴盒　2—CCD 摄像头　3—油滴仪面板　4—监视器

油滴盒剖面图如图 5.7-4 所示。其核心结构是两个圆形平行极板，间距为 d，放在有机玻璃防风罩中。上极板中心有一个直径为 0.4mm 的小孔，可供经油雾孔落下的油滴进入上下极板之间。油滴盒内部由 LED 灯泡照明。

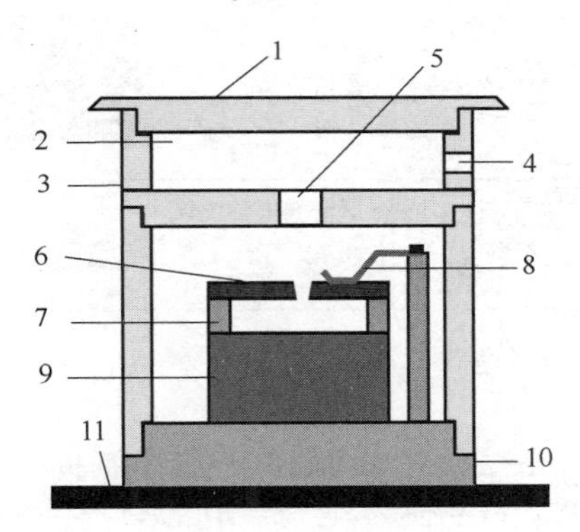

图 5.7-4　油滴盒剖面图

1—上盖板　2—油雾室　3—防风罩　4—喷雾口　5—油雾孔　6—上电极　7—油滴盒

8—上电极压簧　9—下电极　10—油滴盘基座　11—座架

CCD 电视显微镜由显微镜和 CCD 摄像头组成，装在防风罩前，正对着油滴盒侧面的圆孔。CCD 是电荷耦合器件的英文缩写（即 Charge Coupled Device），它是物体图像传感器的核心器件，由它制成的摄像机，可以把光学图像变为视频电信号，由视频电缆接到监视器上显示，或接录像机，或接计算机进行处理。本实验使用灵敏度和分辨率甚高的 CCD 摄像头，用高分辨率的监视器，将显微镜观察到的油滴运动图像清晰逼真地显示在屏幕上，以便观察和测量。

电路箱底座装有三个调平手轮，可调节油滴仪极板的水平。箱体内装有高压产生、测量显示等电路。

监视器的屏幕上显示有白色网格，它是由测量显示电路产生的电子分划板，纵向共有 8 格，对应实际距离为 2.00mm，即纵向每格对应实际距离为 0.25mm。在监视器屏幕右上角实时显示着极板间电压值与计时器时间值，电压值的精确度为 1V，时间值的精确度为 0.01s。

在油滴仪面板（图 5.7-5）上，1 为控制上下极板极性的按钮，未按下时上极板为正，按下时上极板为负。2 为平行极板电压的设置按钮，可控制极板上电压的大小。当按钮 2 未按下即处于“平衡”档时，可用 6 电压调节电位器调节电压的大小，以便选中的油滴处于静止的“平衡”状态；而当按钮 2 被按下时处于“升降”档，此时两极板的电压会自动在平衡电压的基础上增加 200~300V（若按钮 1 未按下），用以将在平衡电压下处于静止状态的油滴提升。3 为测量按钮，按下时两极板间电压将降为 0V，油滴将会自由下落；而弹起时电压将会恢复为平衡电压，油滴也将停止下落。4 为计时开始与停止按钮，点按时可使计时器从 0 开始计时，再次点按时计时器停止计时。5 为计时联动按钮，未按下时，按钮 4 的计时/停止功能可正常独立使用；按下后，计时器不再受按钮 4 的控制，而是随着按钮 3 的按下而开始计时，随着按钮 3 的弹起而同时停止计时。

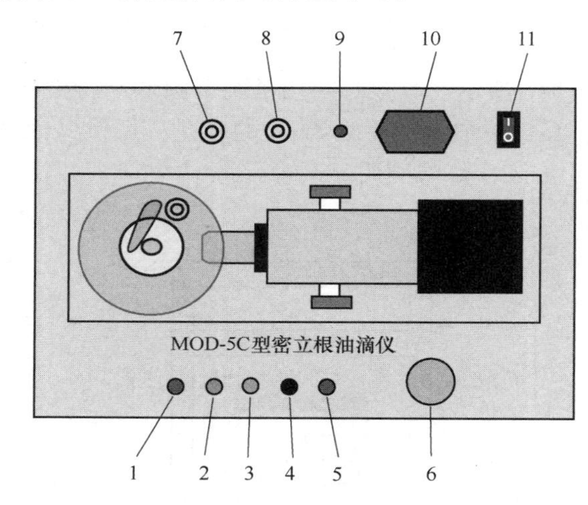

图 5.7-5　MOD-5C 型油滴仪面板

1—极性　2—升降/平衡　3—测量　4—计时/停止　5—计时联动　6—电压调节电位器　7—视频输出 1　8—视频输出 2　9—电源指示　10—AC220V　11—电源开关

实验内容

1. 准备

（1）调节电路箱底座的调平手轮，使水平仪气泡居中，此时平行极板水平。

（2）打开监视器和油滴仪电源，使上极板极性为正，按钮 2 处于“平衡”档，调节电压调节旋钮，给极板间加上 250V 左右的电压。

2. 观察和选择油滴

（1）用喷雾器对准喷雾口向油雾室喷油，微调显微镜调焦手轮，使显微镜聚焦在上极板小孔下方的油滴下落区域，在屏幕上可看到大量清晰的油滴。

（2）选择一颗合适的油滴很重要，质量太大的油滴，下落时间快，时间测量误差大；太小的油滴，布朗运动比较明显，会造成测量误差。油滴所带电量的多少对测量误差也有影响。通常选择平衡电压在 200~300V，匀速下落 2.0mm（对应屏幕上 8 格）的时间在 10~

25s 的油滴比较适宜。目视油滴的直径（显示在屏幕上的尺寸）选择在 1mm 左右。

3. 测量

（1）用按钮 2 将选中的一颗油滴移到屏幕最上方的网格线上，仔细调节平衡电压，使这颗油滴静止在该网格线上（判断油滴是否平衡要有耐心），记录下平衡电压 U。

（2）让油滴开始下落，同时计时器开始计时，油滴下落到指定点时，迅速将电压选择开关拨向"平衡"，油滴停止下落，同时计时器也停止计时，记录油滴下落时间 t。

（3）选择若干颗不同的油滴进行测量，每颗油滴重复测量 5 次，每次测量开始前都要重新调节平衡电压，结果填入表 5.7-1。

实验数据及处理

表 5.7-1　油滴参数及计算结果数据表

i	U/V	t/s	$q_i/10^{-19}$C	n	$e_i/10^{-19}$C	$\bar{e}/10^{-19}$C
1						
2						
3						
4						
5						

由表 5.7-1 中数据计算所测量的基本电荷电量平均值，并计算与公认值的相对误差。

注意事项

1. 喷雾器的油不可装得太满，否则会喷出很多"油"，而不是"油雾"，填塞上极板的落油孔。
2. 喷油时喷雾器的喷头不要伸到喷油孔内，防止大颗粒油滴堵塞落油孔。
3. 实验完毕后，关闭电源，然后用实验室准备的布或纸将油雾室及上下极板擦拭干净，整理好仪器再离开实验室。

分析与思考

1. 对实验结果造成影响的主要因素有哪些？
2. 选用蒸馏水代替实验用油，效果会怎么样？
3. 如何判断油滴盒内两平行极板是否水平？两极板不水平对实验有何影响？
4. 对选定的油滴进行测量时，为什么有时油滴会逐渐变模糊？
5. 为什么使油滴做匀速运动或静止？实验中如何保证油滴在测量范围内做匀速运动？
6. 用 CCD 成像系统观测油滴比直接从显微镜中观测有何优点？

实验 5.8　光电效应及普朗克常量的测定

光电效应发现的历程

光电效应是指一定频率的光照射在金属表面时会有电子从金属表面逸出的现象。光电效应实验对于认识光的本质及早期量子理论的发展，具有里程碑式的意义。

1887 年赫兹在用两套电极做电磁波的发射与接收的实验时，发现当紫外光照射到接收电极的负极时，接收电极间更易于产生放电，赫兹的发现吸引了许多人去做这方面的研究工作。1899 年，汤姆孙测定了光电流的荷质比，证明光电流是阴极在光照射下发射出的电子流。赫兹的助手勒纳德从 1889 年就从事光电效应的研究工作，1900 年，他用在阴阳极间加反向电压的方法研究电子逸出金属表面的最大速度，发现光源和阴极材料都对截止电压有影响，但光的强度对截止电压无影响，电子逸出金属表面的最大速度与光强无关，这是勒纳德的新发现，勒纳德因在这方面的工作获得 1905 年的诺贝尔物理奖。

1900 年，普朗克在研究黑体辐射问题时，先提出了一个符合实验结果的经验公式，为了从理论上推导出这一公式，他采用了玻尔兹曼的统计方法，假定黑体内的能量是由不连续的能量子构成的，能量子的能量为 $h\nu$。能量子的假说是一个革命性的突破，具有划时代的意义。爱因斯坦以他惊人的洞察力，最先认识到量子假说的伟大意义并予以发展。1905 年，在其著名论文《关于光的产生和转化的一个试探性观点》中写道："在我看来，如果假定光的能量在空间的分布是不连续的，就可以更好地理解黑体辐射、光致发光、光电效应以及其他有关光的产生和转化的现象的各种观察结果。根据这一假设，从光源发射出来的光能在传播中将不是连续分布在越来越大的空间之中，而是由一个数目有限的局限于空间各点的光量子组成，这些光量子在运动中不再分散，只能整个地被吸收或产生。"作为例证，爱因斯坦由光子假设得出了著名的光电效应方程，解释了光电效应的实验结果。

爱因斯坦的光子理论由于与经典电磁理论抵触，一开始受到怀疑和冷遇。密立根从 1904 年开始研究光电效应实验，历经十年，用实验证实了爱因斯坦的光量子理论。密立根在 1923 年的诺贝尔物理学奖领奖演说中，这样谈到自己的工作："经过十年之久的实验、改进和学习，有时甚至还遇到挫折，在这以后，我把一切努力用于光电子发射能量的精密测量，测量它随温度、波长、材料改变的函数关系。与我自己预料的相反，这项工作终于在 1914 年成了爱因斯坦方程在很小的实验误差范围内精确有效的第一次直接实验证据，并且是第一次直接从光电效应测定普朗克常量 h。"爱因斯坦这样评价密立根的工作："我感激密立根关于光电效应的研究，它第一次判决性地证明了在光的影响下电子从固体发射与光的频率有关，这一量子论的结果是辐射的量子结构所特有的性质。"

光量子理论创立后，人们逐步认识到光具有波动和粒子二象属性。光子的能量 $E=h\nu$ 与频率有关，当光传播时，显示出光的波动性，产生干涉、衍射、偏振等现象；当光和物体发生作用时，它的粒子性又突出了出来。后来科学家发现波粒二象性是一切微观物体的固有属性，并发展了量子力学来描述和解释微观物体的运动规律，使人们对客观世界的认识前进了一大步。

作为第一个在历史上测得普朗克常量的物理实验，光电效应的意义是不言而喻的。

光电效应是赫兹在1887年发现的，这一发现对认识光的本质具有极其重要的意义。19世纪末普朗克为解决黑体辐射问题提出能量子假说；1905年，爱因斯坦把量子概念发展成为光量子理论，成功地解释了光电效应的实验规律；1916年，密立根以精确的光电效应实验证实了爱因斯坦的光电方程，测出的普朗克常量与普朗克按照绝对黑体辐射定律中的计算值完全一致。爱因斯坦和密立根分别于1921年和1923年获得诺贝尔物理学奖。

利用光电效应原理制成的光电管、光电倍增管及光电池等各种器件，是自动控制、有声电影、电视录像、传真和电报等设备中不可缺少的器件，得到广泛应用。

实验目的

1. 通过光电效应实验加深对光的量子性的理解。
2. 测定光电管的伏安特性曲线，找出不同光频率下的截止电压。
3. 验证爱因斯坦光电方程，求出普朗克常量。

实验原理

用一定频率的光照射在某些金属表面上时，会有电子从金属表面逸出，这种现象称为光电效应，逸出的电子称为光电子。

光电效应实验装置如图5.8-1所示。在一抽成高真空的容器内装有阴极K和阳极A，阴极K为金属板。当单色光通过石英窗口照射到金属板K上时，金属板便释放出光电子。如果在AK两端加上电势差U，则光电子在加速电场作用下飞向阳极，形成回路中的光电流。光电流的强弱可由检流计读出。实验结果归纳如下：

（1）饱和电流。随着光电管两端所加正向电压的增大，光电流逐渐增加趋于饱和值I_H，参看图5.8-2。这意味着从阴极K发射出来的电子全部飞到A极上。如果增加入射光的强度，在相同的加速电势差下，光电流的量值也较大，相应的I_H也增大，说明从阴极K逸出的电子数增加了。因此，光电效应的第一个结论是：单位时间内，受光照的金属板释放出来的电子数和入射光的强度成正比。

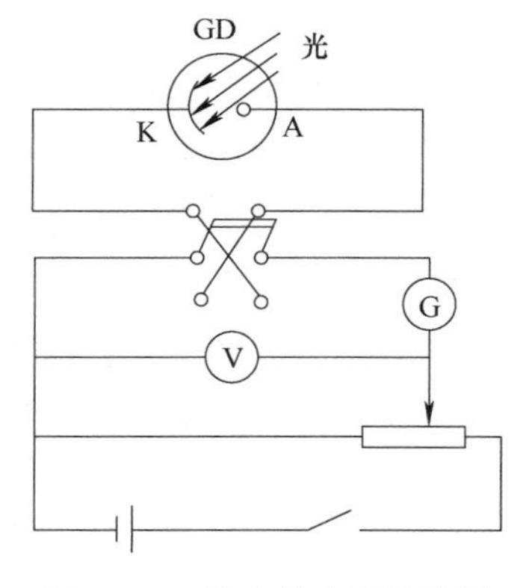

图5.8-1　光电效应实验简图

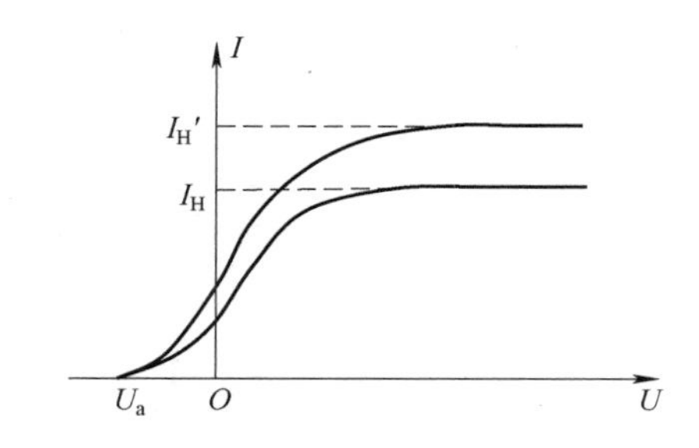

图5.8-2　光电效应的伏安特性曲线

（2）截止电压。如果降低加速电势差的量值，光电流I也随之减少。当电势差U减小到零并逐渐变负时，光电流I一般并不等于零，这表明从金属板K逸出的电子具有初动能，尽管有电场阻碍它运动，仍有部分电子能到达阳极 A，直至反向电势差达到 U_a 时，光电流为零。U_a 叫作截止电势差。截止电势差的存在，表明光电子从金属表面逸出时的初速有最大值 v_m，也就是光电子的初动能具有一定的限度，它满足关系为

$$\frac{1}{2}mv_m^2 = eU_a \tag{5.8-1}$$

式中，e 和 m 分别为电子的电荷量和质量。实验还指出，$\frac{1}{2}mv_m^2$ 与光强无关，参看图 5.8-2。这样，得到光电效应的第二个结论：光电子从金属表面逸出时具有一定的动能，最大初动能等于电子的电荷量和截止电势差的乘积，与入射光的强度无关。

（3）截止频率（又称红限）。假如改变入射光的频率，那么实验结果指出：截止电势差 U_a 和入射光的频率之间具有线性关系，如图 5.8-3 所示，即

$$U_a = K\nu - U_0 \tag{5.8-2}$$

式中，K 和 U_0 都是正数。对不同的金属来说，U_0 的量值不同；对同一金属，U_0 为恒量。K 为不随金属性质类别而改变的普适恒量。把式（5.8-1）代入式（5.8-2），得

$$\frac{1}{2}mv_m^2 = eK\nu - eU_0 \tag{5.8-3}$$

光电子从金属表面逸出时的最大初动能随入射光的频率 ν 线性地增加着。

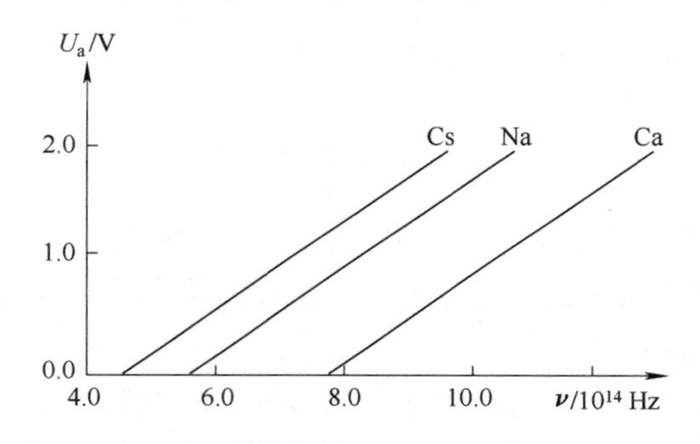

图 5.8-3　截止电势差与频率的关系

（钠：$\nu_0 = 4.39\times10^{14}$ Hz）

从式（5.8-3）可以看出，因为 $\frac{1}{2}mv_m^2$ 必须是正值，要使光所照射的金属释放电子，入射光的频率 ν 必须满足 $\nu \geq \frac{U_0}{K}$ 的条件。令 $\nu_0 = \frac{U_0}{K}$，ν_0 称为光电效应的红限。图 5.8-3 表明每种金属都存在频率的极限值 ν_0。光电效应的第三个结论是：光电子从金属表面逸出时的最大初动能与入射光的频率呈线性关系。当入射光的频率小于 ν_0 时，不管入射光的强度多大，都不会产生光电效应。

（4）弛豫时间。实验证明，无论光的强度如何，从入射光开始照射直到金属释出电子，几乎是瞬时的，弛豫时间不超过 10^{-9}s。

上述光电效应的实验规律是光的波动理论不能解释的。按波动理论，金属在光的照射下，金属中的电子将从入射光中吸收能量，从而逸出金属表面。逸出时的初动能应取决于光

振动的振幅，即取决于光的强度。因而按照光的波动说，光电子的初动能应随入射光强度的增加而增加，如果光强足够供应从金属释出光电子所需要的能量，那么光电效应对各种频率的光都会发生。而且金属中的电子从入射光波中吸收能量，必须积累到一定的量值（至少等于电子从金属表面逸出时克服表面原子的引力所需的功——逸出功），才能逸出金属表面。显然入射光越弱，能量积累的时间就越长。

爱因斯坦从普朗克的能量子假设中得到启发，认为普朗克的理论只考虑了辐射物体上谐振子能量的量子化，即谐振子所发射或吸收的能量是量子化的。他假定光在空间传播时也具有粒子性，想象一束光是以光速 c 运动的粒子流，这些粒子称为光量子（光子）。每一光子的能量就是 $\varepsilon=h\nu$，不同频率的光子具有不同能量。

按照光子理论，光电效应可解释如下：当金属中的一个自由电子从入射光中吸收一个光子后，就获得能量 $h\nu$，h 为普朗克常量。如果 $h\nu$ 大于电子从金属表面逸出时所需的逸出功 A，这个电子就可从金属中逸出。根据能量守恒定律，应有

$$h\nu=\frac{1}{2}mv_{\mathrm{m}}^{2}+A \tag{5.8-4}$$

式（5.8-4）称为爱因斯坦光电效应方程。该方程表明光电子的初动能与入射光的频率呈线性关系，从而解释了式（5.8-3）。入射光的强度增加时，光子数也增多，因而单位时间内光电子数目也将随之增加，这就很自然地说明了饱和电流或光电子数与光的强度之间的正比关系。再由式（5.8-4），假定 $\frac{1}{2}mv_{\mathrm{m}}^{2}=0$，那么

$$\nu_0=\frac{A}{h}$$

这表明频率为 ν_0 的光子具有发射光电子的最小能量。如果光子频率低于 ν_0，不管光子数目多大，单个光子没有足够的能量去发射光电子，所以红限相当于电子所吸收的能量全部消耗于电子的逸出功时入射光的频率。

同样，由光子理论可以得出，当一个光子被吸收时，全部能量立即被电子吸收，不需要积累能量的时间，这也就自然地说明了光电效应的瞬时发生的问题。

如果用实验方法获得的截止电压 U_{a} 与入射光频率 ν 的关系是一条直线，就证实了爱因斯坦光电方程的正确性，这正是密立根验证光电方程的实验思想。密立根对此进行了近十年的研究，于1916年得出了光电子的最大初动能与入射光频率之间是严格的线性关系，从而证明了光电效应方程的正确性。

由式（5.8-1）和式（5.8-4），得

$$h\nu=eU_{\mathrm{a}}+A \tag{5.8-5}$$

测出不同频率 ν 的入射光所对应的截止电压 U_{a}，由此可作 U_{a}-ν 图线，由直线斜率 h/e 可求得普朗克常量 h。

实验仪器

GD-3型光电效应实验仪。仪器由汞灯及电源、滤色片、光阑、光电管、测试仪（含光电管电源和微电流放大器）构成，仪器结构如图5.8-4所示，其中高压汞灯在302.0～872.0nm的谱线范围内，通过使用滤色片有365.0nm、404.7nm、435.8nm、546.1nm、

577.0nm 等谱线供实验时使用。

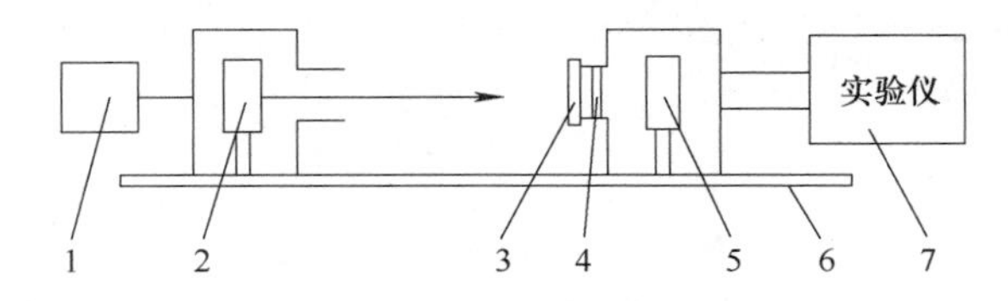

图 5.8-4　光电效应实验装置图

1—汞灯电源　2—汞灯　3—滤色片　4—光阑　5—光电管　6—基座　7—实验仪

实验内容

1. 测试前准备

(1) 将实验仪及汞灯电源接通（汞灯及光电管暗箱遮光盖盖上），预热 20min。

(2) 把汞灯及光电管暗盒遮光盖盖上，将汞灯暗盒光输出口对准光电管暗盒光输入口，调整光电管与汞灯距离为约 40cm 并保持不变。

(3) 用专用连接线将光电管暗盒电压输入端与测试仪电压输出端（后面板上）连接起来（红—红，蓝—蓝）。

(4) 调零：将“电流量程”选择开关置于所选档位，仪器在充分预热后，进行测试前调零。调零时，将“调零/测量”切换开关切换到“调零”档位，旋转“电流调零”旋钮使电流指示为“000”。调节好后，将“调零/测量”切换开关切换到“测量”档位，就可以进行实验了。

(5) 注意：在进行每一组实验前，必须按照上面的调零方法进行调零，否则会影响实验精度。

2. 测量普朗克常量 h

(1) 由于本实验仪器的电流放大器灵敏度高，稳定性好，光电管阳极反向电流、暗电流也较低，在测量各谱线的截止电压 U_a 时，可采用零电流法，即直接将各谱线照射下测得的电流为零时对应的电压 U_{AK} 的绝对值作为截止电压 U_a。用零电流法测得的截止电压与真实值相差较小。且各谱线的截止电压都相差 ΔU 对 U_a-ν 曲线的斜率无大的影响，因此对 h 的测量不会产生大的影响。

(2) 将电压选择按键置于 −2V ~ 0V 档；将仪器按照前面方法调零；将直径 4mm 的光阑及 365.0nm 的滤色片装在光电管暗盒光输入口上。

(3) 从低到高调节电压，用“零电流法”或“补偿法”测量该波长对应的 U_0，并将数据记于表 5.8-1 中。

(4) 依次换上 404.7nm、435.8nm、546.1nm、577.0nm 的滤色片，重复以上测量步骤。

3. 测量光电管的伏安特性曲线

(1) 将电压选择按键置于 −2V ~ +30V 档；选择合适的“电流量程”档位（建议选择 10^{-11}A 档）；将仪器按照前面方法调零。将直径 2mm 的光阑及 435.8nm 的滤色片装在光电管暗盒光输入口上。

(2) 从低到高调节电压，记录电流从零到非零点所对应的电压值作为第一组数据，以后电压每变化一定值记录一组数据到表 5. 8-2 中。

（3）分别换上直径 2mm 的光阑和 546. 1nm 的滤色片，直径 4mm 的光阑和 546. 1nm 的滤色片，重复以上测量步骤。

实验数据及处理

1. 手动模式测量不同入射波长对应的截止电压

表 5. 8-1　截止电压测试

$L=$ 40cm　光阑孔 $\varphi=4$mm

波长 λ_i/nm	365. 0	404. 7	435. 8	546. 1	577. 0
频率 $\nu_i/10^{14}$Hz	8. 214	7. 408	6. 879	5. 490	5. 196
U_{0i}/V					

由表 5. 8-1 的实验数据，用作图法求得 U_0-ν 直线的斜率 b，即可用 $h=eb$ 求出普朗克常量 h，并与公认值的 h_0 比较，求出相对误差。

2. 测量光电管的伏安特性曲线

表 5. 8-2　光电管伏安特性测试

光阑孔 $\varphi=$____mm　　波长 $\lambda=$____nm

U_{AK}/V	−2	0	2	4	6	8	10	12	14
$I/10^{-11}$A									
U_{AK}/V	16	18	20	22	24	26	28	30	
$I/10^{-11}$A									

在同一张坐标纸上作 I-U_{AK} 曲线图。

注意事项

1. 滤色片是精密光学元件，使用时应避免污染，切勿用手触摸，以保证其良好的透光性。

2. 更换滤色片时必须先将光源出光孔遮住，实验完毕应及时用遮光罩盖住光电管暗盒的进光窗口，避免强光直射阴极。

3. 在仪器的使用过程中，汞灯不宜直接照射光电管，也不宜长时间连续照射加有光阑和滤光片的光电管，如此将减少光电管的使用寿命。

分析与思考

1. 实验时为什么不能将滤色片罩在光源的出光孔上？

2. 从截止电压 U_a 与入射光频率 ν 的关系曲线中，你能确定阴极材料的逸出功吗？

3. 如果某种材料的逸出功为 2. 0eV，用它做阴极时能探测的波长红限是多少？

附录 中华人民共和国法定计量单位与物理常数

附录 A 中华人民共和国法定计量单位

我国的法定计量单位（以下简称法定单位）包括：

（1）国际单位制的基本单位（见附表 A. 1）；

（2）国际单位制的辅助单位和具有专门名称的导出单位（见附表 A. 2、附表 A. 3）；

（3）可与国际单位制并用的我国法定计量单位（见附表 A. 4）；

（4）由以上单位构成的组合形式的单位；

（5）由词头（见附表 A. 5）和以上单位构成的十进倍数和分数单位。

附表 A. 1 国际单位制的基本单位

量的名称	单位名称	单位符号
长度	米	m
质量	千克（公斤）	kg
时间	秒	s
电流	安［培］	A
热力学温度	开［尔文］	K
物质的量	摩［尔］	mol
发光强度	坎［德拉］	cd

附表 A. 2 国际单位制的辅助单位

量的名称	单位名称	单位符号
［平面］角	弧度	rad
立体角	球面度	sr

附表 A. 3 国际单位制中具有专门名称的导出单位

量的名称	单位名称	单位符号	其他表示示例
频率	赫〔兹〕	Hz	s^{-1}
力；重力	牛〔顿〕	N	$kg \cdot m/s^2$
压力；压强；应力	帕〔斯卡〕	Pa	N/m^2
能〔量〕；功；热量	焦〔耳〕	J	$N \cdot m$

（续）

量的名称	单位名称	单位符号	其他表示示例
功率；辐〔射能〕通量	瓦〔特〕	W	J/s
电荷〔量〕	库〔仑〕	C	A·s
电位；电压；电动势	伏〔特〕	V	W/A
电容	法〔拉〕	F	C/V
电阻	欧〔姆〕	Ω	V/A
电导	西〔门子〕	S	A/V
磁通〔量〕	韦〔伯〕	Wb	V·s
磁通〔量〕密度，磁感应强度	特〔斯拉〕	T	Wb/m^2
电感	亨〔利〕	H	Wb/A
摄氏温度	摄氏度	℃	
光通量	流〔明〕	lm	cd·sr
〔光〕照度	勒〔克斯〕	lx	lm/m^2
〔放射性〕活度	贝可〔勒尔〕	Bq	s^{-1}
吸收剂量	戈〔瑞〕	Gy	J/kg
剂量当量	希〔沃特〕	Sv	J/kg

附表 A.4　我国法定计量单位

量的名称	单位名称	单位符号	换算关系和说明
时间	分	min	1min=60s
	〔小〕时	h	1h=60min=3 600s
	天〔日〕	d	1d=24h=86 400s
〔平面〕角	〔角〕秒	″	1″=（π/648 000）rad
	〔角〕分	′	1′=60″=（π/10 800）rad
	度	°	1°=60′=（π/180）rad
旋转速度	转每分	r/min	1r/min=（1/60）s^{-1}
长度	海里	n mile	1n mile=1 852m（只用于航行）
速度	节	kn	1kn=1n mile/h=（1 852/3 600）m/s（只用于航行）
质量	吨	t	$1t=10^3kg$
	原子质量单位	u	$1u\approx1.660\ 540\times10^{27}kg$
体积	升	L，(l)	$1L=1dm^3=10^{-3}m^3$
能	电子伏	eV	$1eV\approx1.602\ 177\times10^{-19}J$
级差	分贝	dB	
线密度	特〔克斯〕	tex	$1tex=10^{-6}kg/m$
面积	公顷	hm^2	$1hm^2=10^4m^2$

附表 A.5 国际单位制词头

因数	词头名称	符号	因数	词头名称	符号
10^{18}	艾［可萨］（exa）	E	10^{-1}	分（deci）	d
10^{15}	拍［它］（peta）	P	10^{-2}	厘（centi）	c
10^{12}	太［拉］（tera）	T	10^{-3}	毫（milli）	m
10^{9}	吉［咖］（giga）	G	10^{-6}	微（micro）	μ
10^{6}	兆（mega）	M	10^{-9}	纳［诺］（nano）	n
10^{3}	千（kilo）	k	10^{-12}	皮［可］（pico）	p
10^{2}	百（hecto）	h	10^{-15}	飞［母托］（femto）	f
10^{1}	十（deca）	da	10^{-18}	阿［托］（atto）	a

附录B 物理常数

附表 B.1 常用基本物理常量表

物理量	符号	数值		不确定度（$\times10^{-6}$）
		计算用值	最佳值	
真空中的光速	c	3.00×10^{8}m/s	299 792 458m/s	（精确）
真空磁导率	μ_0	$4\pi\times10^{-7}$N/A^2	$4\pi\times10^{-7}$N/A^2 $12.566\ 370\ 614\times10^{-7}$N/A^2	（精确）
真空电容率	ε_0	8.85×10^{-12}F/m	$8.854\ 187\ 817\times10^{-12}$F/m	（精确）
引力常量	G	6.67×10^{-11}m^3/（kg·s）	6.672 59（85）$\times10^{-11}$m^3/（kg·s）	128
普朗克常量	h $\hbar$	6.63×10^{-34}J·s 1.05×10^{-34}J·s	6.626 075 5（40）$\times10^{-34}$J·s 1.054 572 66（63）$\times10^{-34}$J·s	0.60 0.60
阿伏伽德罗常量	N_A	6.022×10^{23}/mol	6.022 136 7（36）$\times10^{23}$/mol	0.59
摩尔气体常数	R	8.31J/（mol·K）	8.314 510（70）J/（mol·K）	8.4
玻尔兹曼常量	k	1.38×10^{-23}J/K	1.380 658（12）$\times10^{-23}$J/K	8.4
斯特藩常量	σ	5.67×10^{-8}W/（m^2·K^4）	5.670 51（19）$\times10^{-8}$W/（m^2·K^4）	34
维恩位移定律常量	b	2.897×10^{-3}m·K	2.897 756（24）$\times10^{-3}$m·K	8.4
摩尔体积（理想气体，$T=273.15$K，$p=101325$Pa）	V_m	22.4×10^{-3}m^3/mol	22.414 10（19）$\times10^{-3}$m^3/mol	8.4
基本电荷	e	1.60×10^{-19}C	1.602 177 33（49）$\times10^{-19}$C	0.30
电子质量	m_e	9.11×10^{-31}kg	9.109 389 7（54）$\times10^{-31}$kg	0.59
质子质量	m_p	1.67×10^{-27}kg	1.672 623 1（10）$\times10^{-27}$kg	0.59
中子质量	m_n	1.67×10^{-27}kg	1.672 928 6（10）$\times10^{-27}$kg	0.59

（续）

物 理 量	符号	数 值		不确定度 $(\times10^{-6})$
		计 算 用 值	最 佳 值	
经典电子半径	r_e	2.82×10^{-15}m	$2.817\,940\,92\times10^{-15}$m	0.13
玻尔半径	a_0	5.29×10^{-11}m	$5.291\,772\,49\times10^{-11}$m	0.045
电子荷质比	e/m	1.76×10^{11}C/kg	$1.758\,819\,62\,(53)\times10^{11}$C/kg	0.30
电子磁矩	μ_e	9.28×10^{-24}J/T	$9.284\,770\,1\,(31)\times10^{-24}$J/T	0.34
质子磁矩	μ_p	1.41×10^{-26}J/T	$1.410\,607\,61\,(47)\times10^{-26}$J/T	0.34
中子磁矩	μ_n	0.966×10^{-26}J/T	$0.966\,237\,07\,(40)\times10^{-26}$J/T	0.41
康普顿波长	λ_C	2.43×10^{-12}m	$2.426\,310\,58\,(22)\times10^{-12}$m	0.089
磁通量子，$h/2e$	Φ	2.07×10^{-15}Wb	$2.067\,834\,61\,(61)\times10^{-15}$Wb	0.30
玻尔磁子，$e\hbar/2m_e$	μ_B	9.27×10^{-24}J/T	$9.274\,015\,4\,(31)\times10^{-24}$J/T	0.34
核磁子，$e\hbar/2m_p$	μ_N	5.05×10^{-27}J/T	$5.050\,786\,6\,(17)\times10^{-27}$J/T	0.34
里德伯常量	R_∞	1.097×10^{7}/m	$1.097\,373\,153\,4\,(13)\times10^{7}$/m	0.0012
原子（统一）质量单位，原子质量常量	m_u	1.66×10^{-27}kg 931.5MeV/c^2	$1.660\,540\,2\,(10)\times10^{-27}$kg	0.59
1 埃	Å	1Å $=1\times10^{-10}$m		
1 光年	l. y.	1l. y. $=9.46\times10^{15}$m		
1 电子伏（特）	eV	1eV $=1.602\times10^{-19}$J	$1.602\,177\,33\times10^{-19}$J	0.30
1 特（斯拉）	T	1T $=1\times10^{4}$G		
热功当量	J	4.186J/cal		
标准大气压	p_0	101325Pa		
冰点绝对温度	T_0	273.15K		
标准状态下声音在空气中的速度	v_0	331.46m/s		
钠光谱中黄线波长	D	589.3×10^{-9}m		
镉光谱中红线波长	λ_{cd}	643.84696×10^{-9}m		

附表 B.2　在 20℃时常用固体和液体的密度

物　质	密度 ρ/（kg/m^3）	物　质	密度 ρ/（kg/m^3）
铝	2 698.9	水晶玻璃	2 900~3 000
铜	8 960	窗玻璃	2 400~2 700
铁	7 874	冰（0℃）	880~920
银	10 500	甲醇	792

（续）

物　质	密度 ρ/（kg/m^3）	物　质	密度 ρ/（kg/m^3）
金	19 320	乙醇	789.4
钨	19 300	乙醚	714
铂	21 450	汽车用汽油	710~720
铅	11 350	氟利昂-12 氟氯烷-12	1 329
锡	7 298		
水银	13 546.2	变压器油	840~890
钢	7 600~7 900	甘油	1 260
石英	2 500~2 800	蜂蜜	1 435

附表 B.3　在海平面上不同纬度处的重力加速度

纬度 φ/（°）	重力加速度 g/（m/s^2）	纬度 φ/（°）	重力加速度 g/（m/s^2）
0	9.780 49	50	9.810 79
5	9.780 88	55	9.815 15
10	9.782 04	60	9.819 24
15	9.783 94	65	9.822 94
20	9.786 52	70	9.826 14
25	9.789 69	75	9.828 73
30	9.793 38	80	9.830 65
35	9.797 46	85	9.831 82
40	9.801 80	90	9.832 21
45	9.806 29		

注：表中所列数值根据公式 $g=9.78049(1+0.005288\sin^2\varphi-0.000006\sin^2 2\varphi)$ 算出，其中 φ 为纬度。

附表 B.4　不同温度时水的黏度

温度 t/℃	黏度 η/（μPa·s）	温度 t/℃	黏度 η/（μPa·s）
0	1 787.8	60	469.7
10	1 305.3	70	406.0
20	1 004.2	80	355.0
30	801.2	90	314.8
40	653.1	100	282.5
50	549.2		

附表 B.5　液体的黏度

液　体	温度 t/℃	黏度 η/（μPa·s）	液　体	温度 t/℃	黏度 η/（μPa·s）
汽 油	0	1 788	葵花子油	20	50 000
	18	530	甘 油	-20	1.34×10^8
乙 醇	-20	2 780		0	1.21×10^8
	0	1 780		20	1.449×10^6
	20	1 190		100	12 945
甲 醇	0	817	蜂 蜜	20	6.50×10^6
	20	584		80	1.00×10^5
乙 醚	0	296	鱼肝油	20	45 600
	20	243		80	4 600
变压器油	20	19 800	蓖麻油	0	5.30×10^6
水 银	-20	1 855		10	2.42×10^6
	0	1 685		20	0.986×10^6
	20	1 554		30	0.451×10^6
	100	1 224		40	0.230×10^6

附表 B.6　在 20℃时某些金属的弹性模量

金　属	弹性模量 E/（N/m^2）	金　属	弹性模量 E/（N/m^2）
铝	$(7.000\sim7.100)\times10^{10}$	锌	8.000×10^{10}
钨	4.150×10^{11}	镍	2.050×10^{11}
铁	$(1.900\sim2.100)\times10^{11}$	铬	$(2.400\sim2.500)\times10^{10}$
铜	$(1.050\sim1.300)\times10^{11}$	合金钢	$(2.100\sim2.500)\times10^{11}$
金	7.900×10^{10}	碳钢	$(2.000\sim2.100)\times10^{11}$
银	$(7.000\sim8.200)\times10^{10}$	康铜	1.630×10^{11}

注：弹性模量与材料结构、化学成分及加工制造方法有关，因此在某些情况下 E 值可能与表中所列的平均值不同。

附表 B.7　水在不同温度下的饱和蒸汽压

t/℃	p_s/mmHg	t/℃	p_s/mmHg	t/℃	p_s/mmHg	t/℃	p_s/mmHg
0	4.58	4	6.10	8	8.05	12	10.52
1	4.93	5	6.54	9	8.61	13	11.23
2	5.29	6	7.01	10	9.21	14	11.99
3	5.69	7	7.51	11	9.84	15	12.79

（续）

t/℃	p_s/mmHg	t/℃	p_s/mmHg	t/℃	p_s/mmHg	t/℃	p_s/mmHg
16	13.69	23	21.07	30	31.82	37	47.07
17	14.53	24	22.38	31	33.70	38	49.69
18	15.48	25	23.76	32	35.66	39	52.44
19	16.48	26	25.21	33	37.75	40	55.32
20	17.54	27	26.74	34	39.90	41	58.34
21	18.65	28	28.35	35	42.18	42	61.50
22	19.83	29	30.04	36	44.56	43	64.80

附表 B.8　某些材料的导热系数

物　质	温度/K	导热系数/（W/m·K）	物　质	温度/K	导热系数/（W/m·K）
钛	273	0.20×10^2	硼硅酸玻璃	273	1.0
锌	273	1.20×10^2	软木	273	0.03
锆	273	0.21×10^2	毡	303	0.05
黄铜	273	1.20×10^2	玻璃纤维	323	0.04
锰铜	273	0.22×10^2	云母	373	0.072
康铜	273	0.22×10^2	岩面	300	1.0~2.5
不锈钢	273	0.14×10^2	橡胶	298	0.16
镍铬合金	273	0.11×10^2	木材	300	0.04~0.35

附表 B.9　固体的比热容

物　质	温度/℃	比　热　容		物　质	温度/℃	比　热　容	
		kcal/（kg·℃）	kJ/（kg·℃）			kcal/（kg·℃）	kJ/（kg·℃）
铝	20	0.214	0.895	镍	20	0.115	0.481
铜	20	0.092	0.385	银	20	0.056	0.234
黄铜	20	0.091 7	0.380	钢	20	0.107	0.447
铂	20	0.032	0.134	锌	20	0.093	0.389
生铁	0~100	0.13	0.54	玻璃	—	0.14~0.22	0.585~0.920
铁	20	0.115	0.481	冰	-40~0	0.43	1.797
铅	20	0.030 6	0.130	水	—	0.999	4.176

附表 B.10 液体的比热容

物质	温度/℃	比热容		物质	温度/℃	比热容	
		kcal/（kg·℃）	kJ/（kg·℃）			kcal/（kg·℃）	kJ/（kg·℃）
乙醇	0	2.30	0.55	氟利昂	20	4.182	0.999
	20	2.47	0.59	变压器油	0~100	1.88	0.45
甲醇	0	2.43	0.58	汽油	10	1.42	0.32
	20	2.47	0.59		50	2.09	0.50
乙醚	20	2.34	0.56	水银	0	0.1465	0.0350
水	0	4.220	1.009		20	0.1390	0.0332
氟氯烷	20	0.84	0.20	甘油	18	2.42	0.58

参 考 文 献

[1] 李香莲．大学物理实验［M］．北京：高等教育出版社，2015.
[2] 樊代和．大学物理实验数字化教程［M］．北京：机械工业出版社，2019.
[3] 武立立，韩仁学，于玉琴，等．大学物理实验教程［M］．北京：机械工业出版社，2016.
[4] 戴玉荣．预备物理实验［M］．南京：东南大学出版社，2011.
[5] 张映辉．大学物理实验［M］．2 版．北京：机械工业出版社，2017.
[6] 朱鹤年．新概念物理实验测量引论［M］．北京：高等教育出版社，2007.
[7] 唐芳，董国波．基础物理实验：上册［M］．北京：机械工业出版社，2019.
[8] 祝昆，杨文韬，郑志荣，等．大学物理实验［M］．北京：机械工业出版社，2017.